なぞときパズルに挑戦！

STEP1 本文中のどこかに，なぞときの問題が 10 問あ<del>ス</del>

その問題を探して，①～⑩でわかった数字を<del>...</del>

★の部分は，
$a \times b$ だから，
①×⑦の値に
なるね。

a╲b	⑥			⑨	⑩
①	ア	★		オ	
②		ケ			イ
③	ウ		キ		
④				エ	
⑤		カ			ク

STEP2 ア～ケの数字を入れて，パスワードを完成させよう！

◆パスワード◆

ア	イ	ウ	エ	オ	カ	キ	ク	ケ

例) 26，3 なら次のように入れる。

2	6

0	3

←答えが 1 けたの場合は，十の位に「0」を入れよう！

STEP3 右下のQRコードを読みとって，パスワードを入力しよう！

※ QRコードは，株式会社デンソーウェーブの登録商標です。

も く じ

第1章 正の数と負の数
正の数と負の数

月　日

点 ／ 10

解答　別冊1ページ

1 次の数を，正の符号，負の符号を使って表しなさい。[1点×2]

(1)　0より9大きい数

(2)　0より4.8小さい数

2 下の数の中から，次の数をすべて選びなさい。[1点×4(各完答)]

$$-2, +\frac{4}{5}, +5.6, -15, +4, 0, \frac{7}{4}, +12, -0.8, -0.01$$

(1)　自然数

(2)　整数

(3)　正の数

(4)　負の数

3 次の数量を，正の符号，負の符号を使って表しなさい。[1点×2]

(1)　「50cm長いこと」を+50cmと表すとき「40cm短いこと」

(2)　「3500円の損失」を−3500円と表すとき「12000円の利益」

4 [　]内のことばを使って，次の数量を表しなさい。[1点×2]

(1)　+15人増える　[減る]

(2)　−5℃高い　[低い]

今日はここまで！おつかれさま！

第1章　正の数と負の数
数の大小と絶対値

月　日

点

/10

解答　別冊1ページ

1 下の数直線で，点**A**，**B**の表す数を答えなさい。[1点×2]

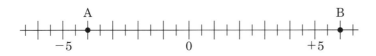

2 次の各組の数の大小を，不等号を使って表しなさい。[1点×4]

(1) -5, $+2$

(2) -1.8, -2.1

(3) -4, $+3$, 0

(4) $-\dfrac{7}{4}$, $-\dfrac{9}{4}$, -2

3 次の数の絶対値を答えなさい。[1点×2]

(1) $+3$

(2) -2.4

4 次の各組の数を，左から絶対値の小さい順に並べなさい。[1点×2]

(1) -10, 0, $+6$

(2) -3, $+2.8$, $-\dfrac{13}{4}$

分数を小数に表してみよう！

な ぞ
と き

次の空欄にあてはまる数は？

-4の絶対値は①である。

▶▶ p.3の①にあてはめよう

今日はここまで！おつかれさま！

第1章 正の数と負の数
加法①

1 次の計算をしなさい。[1点×5]

(1)　$(+6)+(+1)$

(2)　$(-2)+(-5)$

(3)　$(-3)+(+7)$

(4)　$(+4)+(-8)$

(5)　$(-2)+(+2)$

2 次の計算をしなさい。[1点×5]

(1)　$(+12)+(-7)$

(2)　$(-28)+(+15)$

(3)　$(-38)+(-19)$

(4)　$(+29)+(-58)$

(5)　$0+(-18)$

今日はここまで！おつかれさま！

④ 加法②

月　日

解答　別冊2ページ

1 次の計算をしなさい。[1点×5]

(1)　$(-0.3)+(-0.6)$

(2)　$(-8.7)+(+4.9)$

(3)　$\left(+\dfrac{1}{3}\right)+\left(+\dfrac{4}{3}\right)$

(4)　$\left(+\dfrac{1}{2}\right)+\left(-\dfrac{3}{4}\right)$

(5)　$\left(-\dfrac{11}{12}\right)+\left(+\dfrac{3}{4}\right)$

2 次の計算をしなさい。[1点×5]

(1)　$(-7)+(+3)+(-8)$

(2)　$(+5)+(-14)+(+9)$

(3)　$(+9)+(-12)+(+3)+(-8)$

(4)　$(-6)+(+19)+(-21)+(+9)$

(5)　$(+18)+(-7)+(-18)+(-21)$

今日はここまで！ おつかれさま！

解答　別冊2ページ

1 次の計算をしなさい。[1点×5]

(1)　$(+5)-(+3)$

(2)　$(-9)-(+3)$

(3)　$(-6)-(-2)$

(4)　$(+18)-(-9)$

(5)　$(-25)-(-7)$

ひく数の符号を変えよう！

2 次の計算をしなさい。[1点×5]

(1)　$(+4)-(+11)$

(2)　$(-43)-(-25)$

(3)　$(+23)-(-18)$

(4)　$(-12)-0$

(5)　$0-(+7)$

今日はここまで！ おつかれさま！

点 /10

解答　別冊2ページ

1 次の計算をしなさい。[1 点 × 5]

(1)　$(+1.2)-(+0.8)$

(2)　$(+0.9)-(-1.4)$

(3)　$(-1.7)-(+3.5)$

(4)　$(-1.3)-(-1.9)$

(5)　$0-(-3.5)$

2 次の計算をしなさい。[1 点 × 5]

(1)　$\left(+\dfrac{4}{5}\right)-\left(-\dfrac{2}{5}\right)$

(2)　$\left(+\dfrac{3}{4}\right)-\left(+\dfrac{5}{4}\right)$

(3)　$\left(-\dfrac{3}{2}\right)-\left(-\dfrac{1}{6}\right)$

(4)　$\left(-\dfrac{1}{4}\right)-\left(-\dfrac{7}{8}\right)$

(5)　$\left(-\dfrac{5}{3}\right)-\left(+\dfrac{3}{8}\right)$

今日はここまで！ おつかれさま！

第1章　正の数と負の数

加法と減法の混じった計算①

月　　日

点

/10

解答　別冊2ページ

1 次の計算をしなさい。[1点×5]

(1) $(+4)-(-7)+(+3)$

(2) $(+2)+(-5)-(+4)$

(3) $(-3)+(-6)-(-5)$

(4) $(+5)-(+6)-(-8)$

(5) $(+3)-(-5)+(-9)-(+4)$

かっこをはずして考えよう！

2 次の計算をしなさい。[1点×5]

(1) $3-7$

(2) $-6+9$

(3) $7-9-12$

(4) $-12+4-8$

(5) $7-5+14-13$

今日はここまで！ おつかれさま！

1 次の計算をしなさい。[1点×5]

(1) $-9+(+15)-(-17)-3$

(2) $(+7)-21+(-19)+15$

(3) $-3+23-(-15)+(+9)$

(4) $-11-(+6)+(-5)+29$

(5) $-5+(-7)-(-18)+13$

2 次の計算をしなさい。[1点×5]

(1) $-1.2-(+1.5)+(+1.3)$

(2) $0.3+(-2.4)-(-2.9)$

(3) $\dfrac{2}{3}-\left(-\dfrac{1}{2}\right)-\left(+\dfrac{4}{3}\right)$

(4) $\dfrac{5}{4}+\left(-\dfrac{5}{6}\right)-\dfrac{1}{3}$

(5) $1.6-(-0.7)+(-1.2)-0.8$

今日はここまで！ おつかれさま！

1 次の計算をしなさい。[1点×6]

(1)　$(+4) \times (+5)$

(2)　$(-7) \times (-8)$

(3)　$(-9) \times (+5)$

(4)　$(+13) \times (-6)$

(5)　$(-0.8) \times (-0.4)$

(6)　$\left(+\dfrac{7}{12}\right) \times \left(-\dfrac{15}{14}\right)$

2 次の計算をしなさい。[1点×4]

(1)　$(-5) \times 11 \times (-4)$

(2)　$(-4) \times (-7) \times (-25)$

(3)　$-\dfrac{1}{5} \times (-19) \times 5$

(4)　$(-4) \times (-13) \times 2.5$

今日はここまで！おつかれさま！

乗法②

点

/ 10

月　日

解答　別冊3ページ

1 次の計算をしなさい。[1 点× 4]

(1)　$-6 \times (-3) \times (+2)$

(2)　$-5 \times (-3) \times 8 \times (-2)$

(3)　$-1.2 \times 0.5 \times 4$

(4)　$\left(-\dfrac{5}{6}\right) \times (+1.8) \times 0$

2 次の積を，累乗の指数を使って表しなさい。[1 点× 2]

(1)　$(-5) \times (-5)$

(2)　$2 \times 2 \times 2$

3 次の計算をしなさい。[1 点× 4]

(1)　$(-2)^2$

(2)　$(-3)^3$

(3)　$\left(\dfrac{2}{3}\right)^2$

(4)　$(-1)^4 \times (-3^2)$

なぞとき

次の計算をしよう！

$(-3)^2 = $ ②

▶▶ p.3 の ② にあてはめよう

今日はここまで！ おつかれさま！

除法①

点 / 10

解答　別冊4ページ

1 次の計算をしなさい。[1点×6]

(1) $(+24) \div (+8)$

(2) $(-56) \div (-8)$

(3) $(+54) \div (-9)$

(4) $(-75) \div (+5)$

(5) $(+64) \div (-4)$

(6) $0 \div (-2)$

2 次の計算をしなさい。[1点×4]

(1) $(+3.6) \div (+4)$

(2) $(-8.4) \div (-1.2)$

(3) $(-4) \div (-7)$

(4) $-10 \div 12$

今日はここまで！おつかれさま！

1 次の数の逆数を答えなさい。 [1点×2]

(1) $\dfrac{2}{3}$

(2) $-\dfrac{1}{6}$

2 次の計算をしなさい。 [1点×4]

(1) $\left(-\dfrac{2}{3}\right)\div\left(+\dfrac{1}{3}\right)$

(2) $-\dfrac{2}{5}\div\left(-\dfrac{8}{5}\right)$

(3) $2\div\left(-\dfrac{4}{5}\right)$

(4) $-\dfrac{7}{12}\div(-14)$

3 次の計算をしなさい。 [1点×4]

(1) $8\times(-9)\div(-6)$

(2) $7\times\left(-\dfrac{5}{14}\right)\div\left(-\dfrac{2}{9}\right)$

(3) $-\dfrac{4}{9}\div\left(-\dfrac{5}{12}\right)\times(-15)$

(4) $-\dfrac{10}{9}\div\left(-\dfrac{8}{5}\right)\times\left(-\dfrac{6}{7}\right)$

今日はここまで！ おつかれさま！

点

/10

解答　別冊4ページ

1 次の計算をしなさい。[1点×6]

(1)　$4 + (-3) \times 6$

(2)　$-5 \times (-4) - 16$

(3)　$-24 \div (-8) - 11$

(4)　$(-3 + 5) \times (-3)$

(5)　$-63 \div (-4 - 3)$

(6)　$(-6) \times (-16 + 3)$

乗法や除法は先に計算するよ！

2 次の計算をしなさい。[1点×4]

(1)　$-2^2 + (-16) \div 8$

(2)　$(3^2 - 11) \times 7$

(3)　$-28 \div (4^2 - 3^2)$

(4)　$(-5^2) \times \{(-3)^2 - 7\}$

今日はここまで！ おつかれさま！

四則の混じった計算②

解答　別冊5ページ

1 次の計算をしなさい。［1点×6］

(1) $(-12) \times \left(-\dfrac{5}{6} + \dfrac{4}{3}\right)$

(2) $7 \times (-100 + 5)$

(3) $\left(\dfrac{8}{15} - \dfrac{13}{10}\right) \times (-30)$

(4) $(-100 - 3) \times (-6)$

(5) $(-72) \times \left(-\dfrac{17}{36} - \dfrac{19}{24}\right)$

(6) $-4 \times (-25 + 7)$

2 次の計算をしなさい。［1点×4］

(1) $17 \times \left(-\dfrac{1}{3}\right) - 2 \times \left(-\dfrac{1}{3}\right)$

(2) $1.7 \times (-13) + 3 \times 1.7$

(3) $-24 \times \dfrac{11}{17} + \dfrac{11}{17} \times 7$

(4) $(-7.9) \times 98 + (-7.9) \times 2$

今日はここまで！ おつかれさま！

解答　別冊5ページ

1 次の(　)にあてはまることばを書きなさい。[1点×2]

ある自然数をいくつかの自然数の積の形に表したとき，その積をつくっている1つ1つの自然数のうち，素数であるものを(① 　　　　)といい，自然数を(①)の積の形に表すことを，もとの数を(② 　　　　)するという。

2 次の問いに答えなさい。[1点×2(各完答)]

(1)　1から10までの素数をすべて求めなさい。

(2)　13，15，17，19，21，23，25，27のうち，素数をすべて求めなさい。

3 次の数を素因数分解しなさい。[1点×4]

(1)　48

(2)　72

(3)　105

(4)　180

4 ある自然数を2乗すると144になる。素因数分解を利用して，その自然数を求めなさい。[2点]

今日はここまで！おつかれさま！

16 第1章　正の数と負の数
素因数分解②

解答　別冊5ページ

1 次の数を素因数分解しなさい。[1点×4]

(1) 42

(2) 56

(3) 104

(4) 150

2 次の問いに答えなさい。[2点×2, (1)完答]

(1) 27, 36 をそれぞれ素因数分解しなさい。

(2) 27, 36 の最大公約数を求めなさい。

3 ある自然数を2乗すると、次の(1)、(2)の数になる。素因数分解を利用して、それぞれの自然数を求めなさい。[1点×2]

(1) 441

(2) 625

な ぞ と き

次の空欄にあてはまる自然数は？

$20 = ③^2 × 5$

▶▶ p.3 の ③ にあてはめよう

今日はここまで！おつかれさま！

解答　別冊6ページ

1 次の数量を，記号＋，－，×，÷を使った文字式で表しなさい。[1点×2]

(1) x個のビー玉の中から5個取り出したときの残りのビー玉の個数

(2) 縦の長さが$a$cm，横の長さが$b$cmの長方形の周の長さ

2 次の式を，記号×，÷を使わないで書きなさい。[1点×6]

(1) $x \times (-1)$

(2) $a \times x \times x$

(3) $(-5) \div x$

(4) $(p - q) \div 2$

(5) $a \times a - b \times b \times b \times 2$

(6) $a \div b \times 5$

数は文字の前に書くよ。

3 次の式を，記号×，÷を使って書きなさい。[1点×2]

(1) $-3ab$

(2) $\dfrac{a+b}{2}$

今日はここまで！ おつかれさま！

いろいろな数量と文字式

月 日

点 / 10

1 次の数量を文字式で表しなさい。[1点×3]

(1) 1個45円のみかんをx個と，1個120円のりんごをy個買ったときの代金の合計

(2) 入館料が大人1人x円，子ども1人y円の博物館に，大人3人と子ども4人が入るのに，10000円を支払(しはら)ったときのおつり

(3) 4人がx円ずつ出して，1個a円のボールを6個買ったときの残金

2 次の数量を文字式で表しなさい。[1点×3]

(1) 時速$x$kmで4時間走ったときの道のり

(2) 家から600mはなれた公園まで，行きは分速xm，帰りは分速ymで往復したときにかかった時間

(3) A地点から$x$kmはなれたB地点まで時速3kmで歩き，B地点から$y$kmはなれたC地点まで時速9kmで走ったときにかかった時間の合計

3 次の数量を文字式で表しなさい。[2点×2]

(1) 定価がx円のハンカチを定価の20%引きで買ったときの代金

(2) 仕入れ値がa円の時計に，仕入れ値の3割の利益を見込んでつけた定価

今日はここまで！ おつかれさま！

第2章 文字と式

式の値①

月　日

点

/10

解答　別冊6ページ

1 $x = 3$ のとき，次の式の値を求めなさい。[1点×2]

(1)　$2x - 5$

(2)　$-x^2$

2 $a = -2$ のとき，次の式の値を求めなさい。[1点×2]

(1)　$-\dfrac{8}{a}$

(2)　a^3

3 $x = -\dfrac{1}{3}$ のとき，次の式の値を求めなさい。[1点×2]

(1)　$3x + 4$

(2)　$-3 - 6x$

4 $a = -5$ のとき，次の式の値を求めなさい。[2点×2]

(1)　$-\dfrac{5}{a^2}$

(2)　$(a + 2)^2 - 10$

なぞ
とき

$x = -2$ のとき，次の式の値を求めよう！
　$-2x + 3 = $ ④

▶▶ p.3の ④ にあてはめよう

今日はここまで！ おつかれさま！

1 $x = 2$，$y = -3$ のとき，次の式の値を求めなさい。［ 1 点 × 4 ］

(1)　$2x - y$

(2)　$x + 3y$

(3)　$1 - x + y$

(4)　$\dfrac{6}{x} + \dfrac{3}{y}$

2 $a = -5$，$b = -2$ のとき，次の式の値を求めなさい。［ 1 点 × 4 ］

(1)　$2a - 4b$

(2)　$ab - 7$

(3)　$-3a + b^2$

(4)　$-a^2 - 3ab + 2b^2$

3 $a = -4$，$b = \dfrac{1}{2}$ のとき，次の式の値を求めなさい。［ 1 点 × 2 ］

(1)　$7 - ab$

(2)　$a^2 - 6b$

今日はここまで！ おつかれさま！

文字式の計算①

月　日

点

/10

解答　別冊7ページ

1 次の計算をしなさい。[1点×6]

(1) $2x + 3x$

(2) $a - 1 + 3a + 5$

(3) $6x - 5 - 4x - 7$

(4) $-5a + 11 - 6a - 9$

(5) $(6a + 1) + (3a - 7)$

(6) $(2x - 5) - (7x - 9)$

2 次の2つの式をたしなさい。[1点×2]

(1) $2x + 3,\ -9x - 7$

(2) $4a - 1,\ -5a - 6$

3 次の左の式から右の式をひきなさい。[1点×2]

(1) $15a - 4,\ -6a + 7$

(2) $-9a + 15,\ 13a - 8$

今日はここまで！ おつかれさま！

点

/10

解答　別冊7ページ

1 次の計算をしなさい。[1点×4]

(1) $3a \times (-5)$

(2) $30a \div (-6)$

(3) $4(3x - 5)$

(4) $(-24x + 32) \div (-4)$

2 次の計算をしなさい。[1点×6]

(1) $7(x + 2) - (-4x + 3)$

(2) $3(2x - 5) + 4(x + 3)$

(3) $3(p - 7) - 7(2p - 4)$

(4) $2(-2x - 3) + 4(x + 4)$

(5) $\dfrac{1}{4}(12x - 8) - \dfrac{1}{6}(6x - 24)$

(6) $\dfrac{2x - 1}{4} + \dfrac{x + 2}{3}$

今日はここまで！おつかれさま！

1 次の問いに答えなさい。[1 点 × 2]

(1) 縦 $a$cm，横 $b$cm の長方形の周の長さを ℓcm とするとき，ℓ を a，b を使って表しなさい。

(2) 対角線の長さが $a$cm と $b$cm のひし形の面積を Scm^2 とするとき，S を a，b を使って表しなさい。

2 次の数量の関係を等式で表しなさい。[2 点 × 4]

(1) 入園料が大人1人 500 円，子ども1人 200 円の植物園に，大人 a 人，子ども b 人が入るのに必要な入園料の合計は c 円であった。

(2) 12km の道のりを時速 $x$km で進んだところ，y 時間かかった。

(3) x 個のあめを a 人の子どもに1人3個ずつ配ったところ，y 個余った。

(4) 1個 60 円の消しゴムを a 個と1本 80 円の鉛筆を b 本買って，1000 円を支払ったところ，おつりは c 円であった。

今日はここまで！ おつかれさま！

28

解答　別冊 8 ページ

1 次の数量の関係を不等式で表しなさい。[1 点 × 2]

(1)　x の 3 倍から 5 をひくと，15 より小さくなる。

(2)　1 個 x 円のみかんを 5 個と，1 個 y 円のりんごを 3 個買ったときの代金の合計は 600 円以上である。

2 次の数量の関係を不等式で表しなさい。[2 点 × 4]

(1)　家から a km はなれた球場まで時速 x km で進んだところ，3 時間より長くかかった。

(2)　x 本の鉛筆（えんぴつ）を，a 人の生徒に 1 人 4 本ずつ配ったところ，y 本以上余った。

(3)　1 個 a g のおもりが 7 個と，1 個 b g のおもりが 5 個あり，これら 12 個のおもりの平均の重さは c g 以下である。

(4)　家から学校まで行くのに，はじめの x km は時速 3 km，残りの y km は時速 5 km で進んだところ，3 時間はかからなかった。

今日はここまで！ おつかれさま！

点
／10

解答 別冊8ページ

1 1，2，3，4，5のうち，方程式 $3x - 1 = 8$ の解になるものを求めなさい。[2点]

xにそれぞれの数値を代入してみよう！

2 -2，-1，0，1，2のうち，方程式 $4x + 2 = -6$ の解になるものを求めなさい。

[2点]

3 次の方程式で，-2が解であるものを1つ選びなさい。[3点]

ア $4x + 5 = -1$ イ $-x + 3 = 7$

ウ $x + 3 = 5 + 2x$ エ $3x + 5 = x + 3$

4 次の方程式で，4が解であるものをすべて選びなさい。[3点(完答)]

ア $2x - 3 = 4(1 - x)$ イ $-2(x + 1) = 3(x - 6) - 4$

ウ $-\dfrac{1}{2}x + 3 = 2$ エ $\dfrac{x + 5}{3} = -x + 7$

今日はここまで！ おつかれさま！

点 / 10

解答 別冊8ページ

1 次の方程式を解きなさい。[1点×4]

(1) $x - 2 = 3$

(2) $-6 + x = 1$

(3) $x + 4 = 7$

(4) $8 + x = 10$

2 次の方程式を解きなさい。[1点×6]

(1) $\dfrac{x}{3} = 2$

(2) $\dfrac{1}{6}x = -3$

(3) $3x = 12$

(4) $-4x = -8$

(5) $\dfrac{x}{4} = \dfrac{3}{2}$

(6) $1.8 + x = 2.4$

なぞ
とき

方程式 $-7x = -35$ を解こう!

$x = $ ⑤

▶▶ p.3の ⑤ にあてはめよう

今日はここまで! おつかれさま!

方程式の解き方①

1 次の方程式を解きなさい。[1 点 × 4]

(1) $x + 1 = 4$

(2) $x - 2 = 2$

(3) $x - 18 = -15$

(4) $x - 9 = -11$

2 次の方程式を解きなさい。[1 点 × 6]

(1) $2x + 1 = 5$

(2) $-x + 7 = 5$

(3) $-5x + 9 = 14$

(4) $x = 6 - x$

(5) $2x = 9 - x$

(6) $-8x = -22 + 3x$

今日はここまで！おつかれさま！

1 次の方程式を解きなさい。[1点×4]

(1) $3x + 4 = 2x + 5$

(2) $8x - 7 = 4x + 13$

(3) $-x + 9 = 2x - 9$

(4) $6x - 7 = 9 - 2x$

2 次の方程式を解きなさい。[1点×6]

(1) $7x - 15 = 5x - 9$

(2) $-9x + 7 = 6x - 23$

(3) $14x + 18 = 9x - 7$

(4) $-8x + 1 = -15x + 29$

(5) $-6x + 24 = 7x - 15$

(6) $5x + 9 = 11x + 33$

今日はここまで！ おつかれさま！

いろいろな方程式①

月　日

点

/10

解答　別冊 10 ページ

1 次の方程式を解きなさい。[1 点 × 6]

(1)　$3x - 7 = 2(x - 2)$

(2)　$2(3x - 1) = 5x + 1$

(3)　$9x - 7 = 4(x - 8)$

(4)　$7 - 2(x + 2) = 5$

(5)　$12 + 2x = 5(-x + 8)$

(6)　$5x - 2(3x - 2) = 2x - 8$

2 次の方程式を解きなさい。[1 点 × 4]

(1)　$0.4x + 2 = 3.6$

(2)　$1.5x - 3 = 1.8 - 0.9x$

(3)　$0.6x - 2.3 = 1 - 0.5x$

(4)　$0.3x - 2 = 0.15x - 0.2$

両辺を 10 倍，100 倍して，
係数を整数になおすよ。

今日はここまで! おつかれさま!

第3章　1次方程式
いろいろな方程式②

点

月　日

/10

解答　別冊 10 ページ

1 次の方程式を解きなさい。[1 点 × 4]

(1) $\dfrac{2}{5}x - 1 = \dfrac{3}{5}$

(2) $\dfrac{1}{4}x - \dfrac{5}{2} = \dfrac{3}{4} - \dfrac{5}{6}x$

(3) $\dfrac{x+2}{4} = 2x - 3$

(4) $\dfrac{4x-5}{3} = \dfrac{x+5}{2}$

2 次の比例式について，x の値を求めなさい。[1 点 × 6]

(1) $x : 6 = 8 : 3$

(2) $7 : 2 = x : 8$

(3) $x : 20 = 8 : 5$

(4) $(x-1) : 6 = 3 : 2$

(5) $(2x+1) : 12 = 5 : 4$

(6) $(x-1) : (x+3) = 3 : 5$

今日はここまで！おつかれさま！

解答　別冊10ページ

1 みかん5個と1個160円のりんごを3個買うと，代金の合計は680円だった。みかん1個の値段を求めなさい。[2点]

2 文具店で，1本75円の鉛筆(えんぴつ)が，1本90円のボールペンより3本多くなるように買ったところ，代金の合計は1050円だった。鉛筆とボールペンをそれぞれ何本買ったか，求めなさい。[2点(完答)]

3 姉は4500円，弟は3000円持って買い物に行った。2人が同じ金額を出し合って，お母さんの誕生日プレゼントを買ったところ，姉の所持金は弟の所持金の3倍になった。出し合った1人分の金額を求めなさい。[3点]

4 何人かの子どもに色紙を配る。1人に12枚ずつ配ると6枚不足し，10枚ずつ配ると20枚余る。子どもの人数と色紙の枚数を求めなさい。[3点(完答)]

今日はここまで！ おつかれさま！

解答　別冊11ページ

1 姉が **1500m** はなれた図書館に向かって家を出た **10分後**に，妹が同じ道を通って，自転車で姉を追いかけた。姉は分速 **60m**，妹は分速 **180m** で進むとすると，妹は出発してから何分後に姉に追いつくか，求めなさい。[2点]

2 家から駅まで，分速 **70m** で歩いて行くと，分速 **210m** で自転車に乗って行くよりも **12分**多く時間がかかった。家から駅までの道のりを求めなさい。[3点]

3 コーヒーと牛乳を **3：2** の割合で混ぜたミルクコーヒーがある。使ったコーヒーが **120mL** のとき，使った牛乳は何 **mL** か，求めなさい。[2点]

4 白と黒のご石が合わせて **350個** ある。白と黒のご石の個数の比が **3：4** のとき，黒のご石の個数を求めなさい。[3点]

今日はここまで! おつかれさま!

37

解答　別冊11ページ

1 直方体の空の水そうに，一定の割合で水を入れる。水を入れ始めてから**6分後**に，水の深さが**24cm**になった。このとき，水を入れ始めてからx分後の水の深さを$y$cmとして，xの値に対応するyの値を求め，下の表の空欄をうめなさい。[2点(完答)]

x	0	1	2	3	4	5	6	7	8	9	10
y							24				

2 家から**1.2km**はなれた図書館まで分速xmで行くときにかかる時間をy分として，対応するx，yの値を求め，下の表の空欄をうめなさい。[3点(完答)]

x	40			60		80
y		25	24		16	

3 次のようなxとyの関係について，yがxの関数であるといえるときには〇，yがxの関数であるといえないときには×を書きなさい。[1点×5]

⑴　底辺が$x$cmで，高さが6cmの三角形の面積を$y$cm^{2}とする。

⑵　身長が$x$cmの人の体重は$y$kgである。

⑶　時速4kmでx時間歩いたときに進んだ道のりを$y$kmとする。

⑷　重さが300gの箱に，1個50gのおもりをx個入れたとき，全体の重さがygである。

⑸　タクシーの料金がx円のときの走行距離は$y$kmである。

今日はここまで！ おつかれさま！

点

/10

解答 別冊11ページ

1 次のような変数 x の変域を，不等号を使って表しなさい。[1点×8]

(1) x が 0 以上

(2) x が -3 より小さい

(3) x が 2 以上 10 以下

(4) x が 1 より大きく 8 より小さい

(5) x が -5 以上で 3 より小さい

(6) x は 15 未満

(7) x は $\dfrac{2}{5}$ より大きく $\dfrac{15}{4}$ 未満

(8) x は 0 以上 120 未満

2 容積が 200L の空の水そうに毎分 10L ずつ水を入れるとき，水を入れ始めてから x 分後の水そうの中の水の量を yL とする。[1点×2]

(1) x の変域を，不等号を使って表しなさい。

(2) y の変域を，不等号を使って表しなさい。

今日はここまで！ おつかれさま！

比例

点

月 日 /10

解答 別冊12ページ

1 y は x の関数で，変数 x，y の値が右の表のように対応している。[1点×2]

x	1	2	3	4	5	6
y	5	10	15	20	25	30

(1) y を x の式で表しなさい。

(2) 比例定数を求めなさい。

2 次の x と y の関係について，それぞれ y を x の式で表しなさい。また，比例定数を求めなさい。[1点×3(各完答)]

(1) 時速 12km の自転車で x 時間進んだときの道のり $y$km

(2) 1個 45 円のみかんを x 個買うときの代金 y 円

(3) 縦が 6cm，横が $x$cm の長方形の面積 $y$cm^2

3 比例 $y = -4x$ について，次の問いに答えなさい。[(1)3点(完答)，(2)2点]

(1) x の値に対応する y の値を求め，下の表の空欄をうめなさい。

x	…	-4	-3	-2	-1	0	1	2	…
y	…								…

(2) x の値が 2 倍，3 倍，4 倍になると，対応する y の値はそれぞれ何倍になりますか。

今日はここまで！ おつかれさま！

第4章　比例と反比例
比例の式①

月　日

点
___
10

解答　別冊12ページ

1 次のx，yで，それぞれyがxに比例しているとき，yをxの式で表しなさい。

[1点×4]

(1)　$x = 3$ のとき$y = 9$

(2)　$x = 4$ のとき$y = 8$

(3)　$x = 2$ のとき$y = -10$

(4)　$x = -3$ のとき$y = -12$

2 yはxに比例し，$x = 4$ のとき$y = 16$ である。[1点×2]

(1)　yをxの式で表しなさい。

(2)　$x = 7$ のときのyの値を求めなさい。

3 yはxに比例し，$x = 3$ のとき$y = -18$ である。[2点×2]

(1)　yをxの式で表しなさい。

(2)　$x = -2$ のときのyの値を求めなさい。

なぞとき

yはxに比例し，$x = 8$，$y = 24$ のときyをxの式で表すと？

$y = \boxed{⑥} x$

▶▶ p.3 の ⑥ にあてはめよう

今日はここまで！おつかれさま！

点

/10

解答　別冊12ページ

1 yはxに比例し，$x = 3$のとき$y = -9$である。[1点×2]

(1) yをxの式で表しなさい。

(2) $y = 24$となるxの値を求めなさい。

2 yはxに比例し，$x = 4$のとき$y = 10$である。[1点×2]

(1) yをxの式で表しなさい。

(2) $y = -5$となるxの値を求めなさい。

3 yはxに比例し，$x = 6$のとき$y = 4$である。[1点×3]

(1) yをxの式で表しなさい。

(2) $x = -3$のときのyの値を求めなさい。

(3) $y = 3$となるxの値を求めなさい。

4 容積が**210L**の空の水そうに，毎分**6L**の割合で水を入れる。水を入れ始めてからx分後の水の量をy**L**とするとき，yをxの式で表しなさい。また，xの変域を求めなさい。[3点(完答)]

今日はここまで！ おつかれさま！

42

解答　別冊 13 ページ

1 右の図の点 **A**, **B**, **C**, **D** の座標をそれぞれ答えなさい。[1 点 × 4]

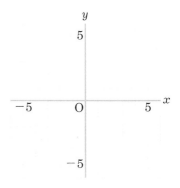

2 次の点を，右の図にかきなさい。[1 点 × 2]

$A(-3, 4)$

$B(2, -3)$

3 次の比例のグラフを右の図にかきなさい。

[1 点 × 4]

(1) $y = x$

(2) $y = -4x$

(3) $y = 3x$

(4) $y = -2x$

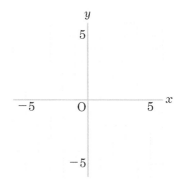

原点以外にもう 1 点通る点をみつけよう！

今日はここまで！ おつかれさま！

解答　別冊 13 ページ

1 次の比例のグラフを右の図にかきなさい。

[1 点 × 4]

(1) $y = \dfrac{1}{2}x$

(2) $y = \dfrac{1}{3}x$

(3) $y = -\dfrac{3}{2}x$

(4) $y = -\dfrac{1}{4}x$

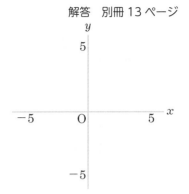

2 グラフが右の図の(1)～(4)の直線になる比例の式をそれぞれ求めなさい。[1 点 × 4]

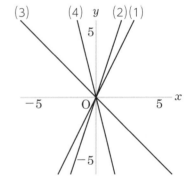

3 グラフが右の図の(1)，(2)の直線になる比例の式をそれぞれ求めなさい。[1 点 × 2]

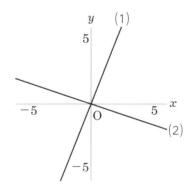

今日はここまで! おつかれさま!

点

/10

解答　別冊 14 ページ

1 y は x の関数で，変数 x，y の値が右の表のように対応している。[1 点× 2]

x	1	2	3	6	9	18
y	18	9	6	3	2	1

(1)　y を x の式で表しなさい。

(2)　比例定数を求めなさい。

2 次の関係について，それぞれ y を x の式で表しなさい。[1 点× 4]

(1)　面積が 24cm^2 の長方形の縦が $x\text{cm}$，横が $y\text{cm}$ である。

(2)　容積が 60L の空の水そうに，毎分 $x\text{L}$ ずつ水を入れると，y 分でいっぱいになる。

(3)　120m の道のりを秒速 $x\text{m}$ で走ると，y 秒かかる。

(4)　3m のリボンを x 人で等分すると，1 人分は $y\text{cm}$ になる。

3 $y = \dfrac{10}{x}$ について，次の問いに答えなさい。[2 点× 2，⑴完答]

(1)　x の値に対応する y の値を求め，下の表の空欄をうめなさい。

x	⋯	-4	-3	-2	-1	0	1	2	⋯
y	⋯	☐	☐	☐	☐	×	☐	☐	⋯

(2)　x の値が負の数のとき，x の値が 2 倍，3 倍，4 倍になると，対応する y の値はそれぞれ何倍になりますか。

今日はここまで！ おつかれさま！

解答 別冊14ページ

1 次の x, y で，それぞれ y が x に反比例しているとき，y を x の式で表しなさい。

[1点×5]

(1) $x = 2$ のとき $y = 3$

(2) $x = 5$ のとき $y = 2$

(3) $x = 3$ のとき $y = -4$

(4) $x = -6$ のとき $y = 6$

(5) $x = -2$ のとき $y = -9$

まずは比例定数を
求めよう！

2 次の x, y で，それぞれ y が x に反比例しているとき，y を x の式で表しなさい。

[1点×5]

(1) $x = -\dfrac{15}{2}$ のとき $y = -2$

(2) $x = 8$ のとき $y = \dfrac{5}{2}$

(3) $x = -4$ のとき $y = -15$

(4) $x = -5$ のとき $y = \dfrac{24}{5}$

(5) $x = \dfrac{20}{3}$ のとき $y = -\dfrac{3}{2}$

今日はここまで！おつかれさま！

解答　別冊 14 ページ

1 y は x に反比例し，$x = 3$ のとき $y = 16$ である。[1 点 × 2]

(1) y を x の式で表しなさい。

(2) $x = -8$ のときの y の値を求めなさい。

2 y は x に反比例し，$x = -\dfrac{5}{2}$ のとき $y = 6$ である。[1 点 × 2]

(1) y を x の式で表しなさい。

(2) $x = \dfrac{3}{5}$ のときの y の値を求めなさい。

3 y は x に反比例し，$x = \dfrac{15}{2}$ のとき $y = -4$ である。[2 点 × 3]

(1) y を x の式で表しなさい。

(2) $x = 6$ のときの y の値を求めなさい。

(3) $x = 18$ のときの y の値を求めなさい。

今日はここまで！おつかれさま！

解答 別冊 15 ページ

1 次の反比例のグラフを右の図に
かきなさい。[2 点×2]

(1) $y = \dfrac{12}{x}$

(2) $y = -\dfrac{18}{x}$

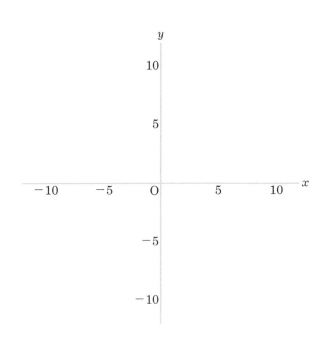

2 次の反比例のグラフを右の図に
かきなさい。[2 点×3]

(1) $y = \dfrac{9}{x}$

(2) $y = \dfrac{16}{x}$

(3) $y = -\dfrac{20}{x}$

反比例のグラフはなめらかな
曲線をかこう！

今日はここまで！ おつかれさま！

48

点

10

解答　別冊15ページ

1 右の図の曲線(1)，(2)は反比例のグラフである。グラフが(1)，(2)になる反比例の式を，次のア〜エからそれぞれ選びなさい。[1 点× 2]

ア　$y = \dfrac{16}{x}$

イ　$y = \dfrac{36}{x}$

ウ　$y = -\dfrac{16}{x}$

エ　$y = -\dfrac{36}{x}$

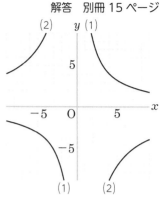

2 右の図の(1)，(2)は反比例のグラフである。それぞれ y を x の式で表しなさい。[2 点× 2]

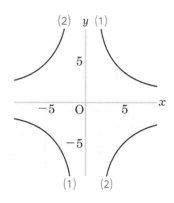

3 下の図の(1)，(2)は反比例のグラフである。それぞれ y を x の式で表しなさい。

[2 点× 2]

(1)

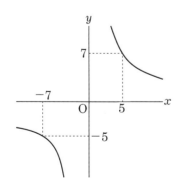

(2)

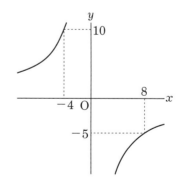

今日はここまで！ おつかれさま！

解答 別冊16ページ

1 同じ重さのおもりがたくさんある。このおもり **20個**の重さが **300g**であるとき，次の問いに答えなさい。[1点×2]

(1) おもり60個の重さを求めなさい。

(2) おもりx個の重さをygとするとき，yをxの式で表しなさい。

2 面積が**12cm²**の三角形の底辺をx**cm**，高さをy**cm**とする。[1点×2]

(1) 底辺が6cmのとき，高さを求めなさい。

(2) yをxの式で表しなさい。

3 ある油**30L**の重さを量ると**24kg**であった。[2点×3]

(1) 油xLの重さを$y$kgとするとき，yをxの式で表しなさい。

(2) 油75Lの重さを求めなさい。

(3) 油の重さが108kgであるとき，油は何Lか求めなさい。

今日はここまで！ おつかれさま！

点
10

解答 別冊16ページ

1 深さが **60cm** の **2** つの空の水そう**A**，**B**に，それぞれ一定の割合で同時に水を入れる。このとき，水を入れ始めてからx分後の水の深さを$y$cmとして，**A**がいっぱいになるまでのxとyの関係をグラフに表すと，右の図のようになる。[1 点× 4]

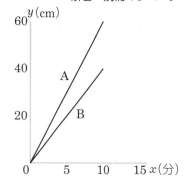

(1) **A**がいっぱいになったとき，**B**の水の深さは何cmですか。

(2) **B**のグラフについて，yをxの式で表しなさい。

(3) **B**は，**A**から何分遅れていっぱいになりますか。

(4) **A**と**B**の水の深さの差が **15cm** になるのは，水を入れ始めてから何分後ですか。

2 右の図のような長方形**ABCD**の辺**BC**上に点**P**があり，**BP**の長さを$x$cm，三角形**ABP**の面積を$y$cm²とする。ただし，**P**が**B**に一致するとき，$y = 0$とする。

[2 点× 3，⑵完答]

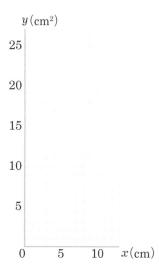

(1) yをxの式で表しなさい。

(2) x，yの変域を，それぞれ不等号を使って表しなさい。

(3) xとyの関係を表すグラフを右の図にかきなさい。

今日はここまで！おつかれさま！

解答　別冊16ページ

1 次の（　　）をうめなさい。[1点×3]

両方向に限りなくまっすぐにのびた線を直線といい，2点A，Bを通る直線を直線ABという。直線ABのうち，AからBまでの部分を（①　　　　）といい，（ ① ）の長さを2点A，B間の（②　　　　）という。また，（ ① ）をBのほうへまっすぐに限りなくのばしたものを（③　　　　　　）という。

2 次の（　　）をうめなさい。[1点×3]

2直線AB，CDが平行であるとき，記号を使って（①　　　　　）と表す。また，2直線AB，CDが垂直に交わるとき，記号を使って（②　　　　　）と表す。このとき，一方の直線を他方の直線の（③　　　　）という。

3 次の（　　）をうめなさい。[1点×2]

3点A，B，Cを頂点とする三角形を，記号を使って（①　　　　　）と表す。また，1つの点Oから出る2つの半直線OA，OBによってできる角を，記号を使って（②　　　　）と表す。

4 右の図のひし形ABCDについて，次の問いに答えなさい。ただし，点Oは対角線の交点とする。[1点×2]

(1)　対角線ACとBDの位置関係を記号を使って表しなさい。

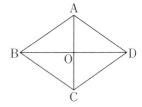

(2)　辺ABとBCがつくる角を記号を使って表しなさい。

今日はここまで！おつかれさま！

48 図形の移動

解答　別冊 16 ページ

1 右の図は，正方形を 8 つの合同な直角二等辺三角形に分けた
ものである。△ABH を平行移動して，ちょうど重なる三角形
を答えなさい。[2 点]

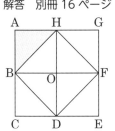

2 右の図は，長方形を 8 つの合同な直角三角形に分けたも
のである。△AOH を，点 O を回転の中心として回転移動
して，ちょうど重なる三角形を答えなさい。[2 点]

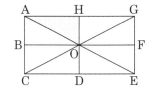

3 右の図の△ABC を，直線 ℓ を軸 (じく) として対称 (たいしょう) 移動させた
△A′B′C′ をかきなさい。[3 点]

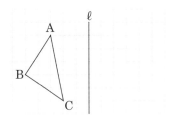

4 右の図は，長方形を 8 つの合同な直角三角形に分けたも
のである。△ABH を 1 回だけ対称移動して，ちょうど重
なる三角形をすべて答えなさい。[3 点 (完答)]

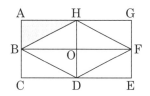

今日はここまで！ おつかれさま！

解答 別冊17ページ

1 下の図において，線分**AB**の垂直二等分線を作図しなさい。[3点]

コンパスと定規を使おう！

2 下の図において，∠**AOB**の二等分線を作図しなさい。[3点]

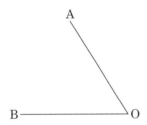

3 下の図の△**ABC**において，辺**BC**上にあって，辺**AB**，**CA**から等しい距離にある点**P**を作図しなさい。[4点]

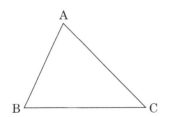

今日はここまで！おつかれさま！

54

50 作図②

月　日

点 /10

解答　別冊17ページ

1 下の図において，点**P**を通る直線ℓの垂線を作図しなさい。[3点]

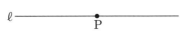

2 下の図において，△**ABC**の辺**BC**を底辺としたとき，点**A**を通り，高さを表す線分**AH**を作図しなさい。[4点]

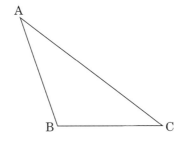

3 下の図の長方形**ABCD**において，点**B**が点**D**と重なるように折り返すとき，折り目となる線分を作図しなさい。[3点]

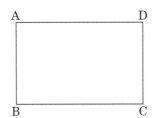

今日はここまで！おつかれさま！

解答　別冊 17 ページ

1 次の（　　）をうめなさい。[1 点 × 8]

・円周の一部を（①　　　　）といい，円周上の 2 点 A，B を両端とする（ ① ）を記号を
使って（②　　　　）と表す。また，円周上の 2 点を結ぶ線分を（③　　　　）という。
円の（ ③ ）のうちもっとも長いものは，その円の直径である。

・円と直線が 1 点だけを共有するとき，円と直線は（④　　　　）という。このとき，
（ ④ ）直線を（⑤　　　　），共有する 1 点を（⑥　　　　）という。円の（ ⑤ ）は，
（ ⑥ ）を通る（⑦　　　　）に（⑧　　　　）である。

2 下の図において，円の中心 O を作図によって求めなさい。[1 点]

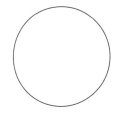

3 下の図において，点 P が接点となるような円 O の接線を作図しなさい。[1 点]

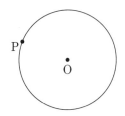

P
O

今日はここまで！おつかれさま！

52 円とおうぎ形の性質②

点

/10

解答　別冊 17 ページ

1 次の（　　）にあてはまることばを書きなさい。［1点×4］

円の（①　　　　　　）と，その両端を通る 2 つの

（②　　　　　　）で囲まれた図形を（③　　　　　　）という。

2 つの（　②　）がつくる角を（④　　　　　　）という。

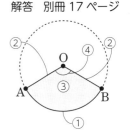

2 次の問いに答えなさい。［2点×2］

(1)　右の図のように，おうぎ形の中心角を 2 倍，3 倍にすると，弧の長さや面積はそれぞれ何倍になるか答えなさい。

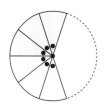

(2)　おうぎ形の弧の長さや面積は，それぞれ中心角の大きさに比例するといえますか。

3 下の図のおうぎ形において，対称の軸を作図しなさい。［2点］

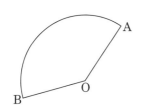

今日はここまで！ おつかれさま！

解答　別冊18ページ

1 次のような円の周の長さと面積を求めなさい。[2点×2(各完答)]

⑴　半径4cm

⑵　直径10cm

2 右の図形は，3つの円を組み合わせたものである。これについて，次の問いに答えなさい。[1点×2]

⑴　色をつけた部分の周の長さを求めなさい。

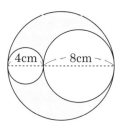

⑵　色をつけた部分の面積を求めなさい。

3 次のようなおうぎ形の弧の長さと面積を求めなさい。[2点×2(各完答)]

⑴　半径6cm，中心角60°

⑵　半径10cm，中心角270°

なぞとき

半径3cmの円の周の長さは？

⑦ πcm

▶▶ p.3の ⑦ にあてはめよう

今日はここまで！ おつかれさま！

解答 別冊18ページ

1 次のようなおうぎ形の面積を求めなさい。[1点×2]

(1) 半径3cm，弧の長さ2πcm

(2) 半径5cm，弧の長さ4πcm

2 次のようなおうぎ形の面積を求めなさい。[1点×2]

(1) 半径8cm，弧の長さ24cm

(2) 半径10cm，弧の長さ $\dfrac{25}{3}$ cm

3 次のようなおうぎ形の中心角を求めなさい。[1点×2]

(1) 半径15cm，弧の長さ6πcm

(2) 半径6cm，弧の長さ5πcm

4 次のようなおうぎ形の中心角を求めなさい。[2点×2]

(1) 半径6cm，面積 $\dfrac{54}{5}\pi$ cm^2

(2) 半径5cm，面積15πcm^2

中心角の大きさを $x°$ とおこう！

今日はここまで！ おつかれさま！

55 いろいろな立体

月　日

点

/10

解答　別冊18ページ

1 次の2つの立体について，底面の形と数をそれぞれ答えなさい。[1点×2(各完答)]

(1)　円柱と円錐

(2)　正四角柱と正四角錐

2 次の図の立体について，それぞれ何面体か答えなさい。[1点×2]

(1)
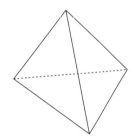

(2)
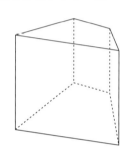

3 次の表の空欄をうめて，表を完成させなさい。[1点×6]

	面の形	1つの頂点に集まる面の数	面の数	辺の数	頂点の数
正四面体	正三角形	3	4	6	4
正六面体	正方形	3	6		8
正八面体	正三角形		8	12	6
正十二面体		3	12		20
正二十面体	正三角形		20	30	

なぞとき

次の空欄にあてはまる数は？

四角錐の面の数は ⑧ つ

▶▶ p.3の ⑧ にあてはめよう

今日はここまで！おつかれさま！

56

第6章　空間図形
空間における位置関係

月　日

解答　別冊19ページ

1 右の図の直方体について，次の位置関係にある直線をすべて
答えなさい。[1 点× 3 (各完答)]

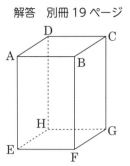

(1) 直線ADと平行な直線

(2) 直線ADと垂直な直線

(3) 直線ADとねじれの位置にある直線

2 右の図の立方体について，次の位置関係にあるものをすべて
答えなさい。[1 点× 4 (各完答)]

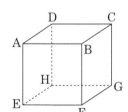

(1) 平面EFGHと平行な直線

(2) 平面ABCDと垂直な直線

(3) 平面AEFBと平行な平面

(4) 平面BFGCと垂直な平面

3 右の図の正六角柱について，次の位置関係にあるものをすべて
答えなさい。[1 点× 3 (各完答)]

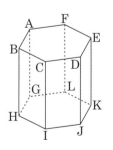

(1) 平面ABCDEFと垂直な直線

(2) 平面CIJDと平行な直線

(3) 平面CIJDと平行な平面

今日はここまで！おつかれさま！

解答 別冊19ページ

1 次の図形を，その面に垂直な方向に一定の距離だけ動かす場合にできる立体を，それぞれ答えなさい。[1 点× 4]

(1) 三角形

(2) 長方形

(3) 六角形

(4) 円

2 右の図のような図形を，直線 ℓ を軸として 1 回転させてできる回転体の見取図として正しいものを，ア〜ウから選びなさい。[2 点]

3 次の図形を，直線 ℓ を軸として 1 回転させてできる回転体の見取図をかきなさい。

[2 点× 2]

(1)

(2)

今日はここまで！おつかれさま！

58 立体のいろいろな見方②

点

/10

月 日

解答 別冊 19 ページ

1 右の図の図形は回転体である。この立体を，次のような平面で切ると，その切り口はどんな図形になるか答えなさい。

[1 点 × 2]

(1) 回転の軸をふくむ平面

(2) 回転の軸に垂直な平面

2 次の投影図は，それぞれどの立体を表していますか。ア～カから選び，記号で答えなさい。[2 点 × 3]

ア 円錐　　　　　イ 四角錐　　　　　ウ 四角柱

エ 円柱　　　　　オ 三角錐　　　　　カ 三角柱

(1)　　　　　　　　　(2)

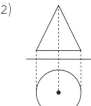

(3)

3 右の図は，ある立体の投影図である。この投影図が表している立体として考えられるものを，次のア～エからすべて選び，記号で答えなさい。[2 点(完答)]

ア 円柱　　　イ 三角柱　　　ウ 四角柱　　　エ 円錐

今日はここまで！ おつかれさま！

角柱の表面積

解答　別冊 20 ページ

1 右の図のような底面が台形である四角柱がある。
これについて，次の問いに答えなさい。[1 点× 2]

(1) 底面積を求めなさい。

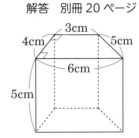

(2) 側面積を求めなさい。

2 次の図の四角柱，三角柱の表面積を求めなさい。[2 点× 2]

(1)

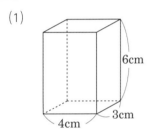

(2)

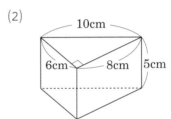

3 次の図の三角柱，四角柱の表面積を求めなさい。[2 点× 2]

(1)

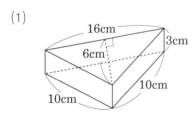

(2)

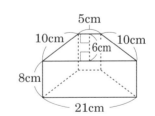

今日はここまで！ おつかれさま！

解答　別冊 20 ページ

1 底面の半径が **4cm**，高さが **7cm** の円柱について，次の面積を求めなさい。

[1 点 × 2]

(1) 底面積

(2) 側面積

2 次の図の円柱の表面積を求めなさい。[2 点 × 3]

(1)

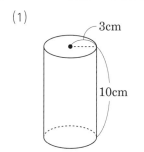

3cm

10cm

(2)

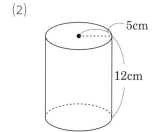

5cm

12cm

(3)

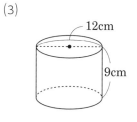

12cm

9cm

3 右の図形を，直線ℓを軸として1回転させてできる回転体
の表面積を求めなさい。[2 点]

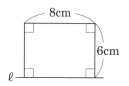

8cm

6cm

ℓ

底面はどこになるかな？

今日はここまで！ おつかれさま！

点
/10

解答　別冊20ページ

1 次の立体の体積を求めなさい。[1点×2]

(1) 底面が1辺4cmの正方形で，高さが5cmの正四角柱

(2) 底面積が15cm² で，高さが6cmの三角柱

2 次の図の三角柱，四角柱の体積を求めなさい。[2点×2]

(1)

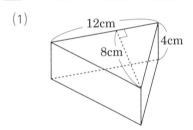

(2)

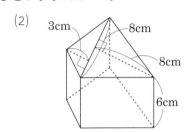

3 次の図の三角柱の体積を求めなさい。[2点×2]

(1)

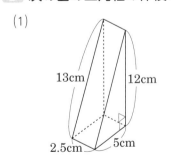

(2)

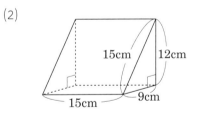

今日はここまで！おつかれさま！

解答　別冊 20 ページ

1 次の円柱の体積を求めなさい。［ 1 点 × 2 ］

(1)　底面の半径が 2cm，高さが 15cm の円柱

(2)　底面の半径が 6cm，高さが 3cm の円柱

2 次の図の円柱の体積を求めなさい。［ 2 点 × 2 ］

(1)
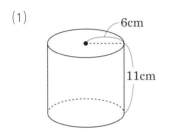

(2)
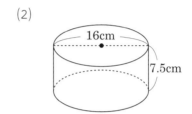

3 次の図形を，直線 ℓ を軸として 1 回転させてできる回転体の体積を求めなさい。

［ 2 点 × 2 ］

(1)
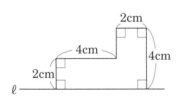

(2)
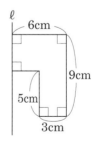

今日はここまで！ おつかれさま！

点

/10

解答 別冊21ページ

1 右の図のような正四角錐について，次の面積を求めなさい。

[1点×2]

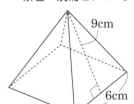

(1) 側面積

(2) 表面積

2 次の図のような正四角錐の表面積を求めなさい。[2点×2]

(1)

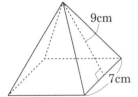

(2)

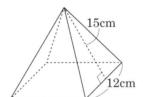

3 次の図のような立体の表面積を求めなさい。[2点×2]

(1)

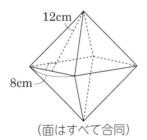

(面はすべて合同)

(2)

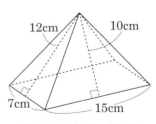

(底面は長方形，側面は
すべて二等辺三角形)

今日はここまで！おつかれさま！

解答　別冊21ページ

1 右の図は円錐の展開図である。[1点×2]

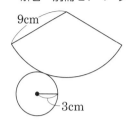

(1) 側面のおうぎ形の弧の長さを求めなさい。

(2) 側面積を求めなさい。

2 右の図のような円錐について，次の面積を求めなさい。

[2点×3]

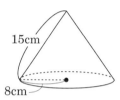

(1) 底面積

(2) 側面積

(3) 表面積

3 次の図のような円錐の表面積を求めなさい。[1点×2]

(1)

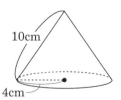

(2)

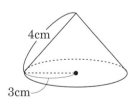

点

/10

解答　別冊21ページ

1 次の角錐（かくすい）の体積を求めなさい。[1点×2]

(1)　底面積が $9cm^2$ で，高さが $8cm$ の三角錐

(2)　底面が1辺 $6cm$ の正方形で，高さが $10cm$ の正四角錐

2 次の正四角錐の体積を求めなさい。[2点×2]

(1)

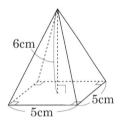

6cm
5cm
5cm

(2)

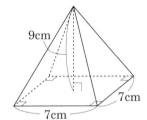

9cm
7cm
7cm

3 次の角錐の体積を求めなさい。[2点×2]

(1)

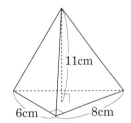

11cm
6cm　8cm

(2)

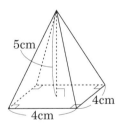

5cm
4cm
4cm

今日はここまで！おつかれさま！

66 円錐の体積

月　日

点

／10

解答　別冊21ページ

1 次の円錐（えんすい）の体積を求めなさい。[1点×2]

(1)　底面の半径が 3cm，高さが 9cm の円錐

(2)　底面の半径が 6cm，高さが 8cm の円錐

2 次の円錐の体積を求めなさい。[2点×2]

(1)

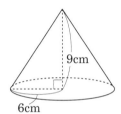

9cm

6cm

(2)

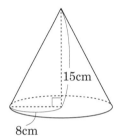

15cm

8cm

3 次の図形を，直線 ℓ を軸（じく）として 1 回転させてできる回転体の体積を求めなさい。

[2点×2]

(1)

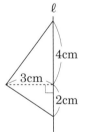

ℓ

4cm

3cm

2cm

(2)

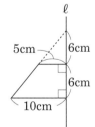

ℓ

5cm 6cm

6cm

10cm

なぞ
とき

底面の半径が 4cm，体積が $48\pi\,\text{cm}^3$ の円錐の高さは？

⑨ cm

▶▶ p.3 の ⑨ にあてはめよう

今日はここまで！ おつかれさま！

解答　別冊22ページ

1 次のような球の表面積を求めなさい。[1 点× 4]

(1) 半径が 3cm の球

(2) 半径が 6cm の球

(3) 半径が 5cm の球

(4) 直径が 20cm の球

2 次の図のような，球をその中心を通る平面で 2 等分してできた立体の表面積を求めなさい。[1 点× 2]

(1)

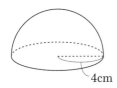

4cm

(2)

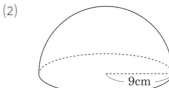

9cm

3 次の図のような半円，おうぎ形を，直線 ℓ を軸として 1 回転させてできる回転体の表面積を求めなさい。[2 点× 2]

(1)

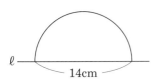

ℓ　14cm

(2)

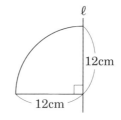

ℓ

12cm

12cm

今日はここまで！ おつかれさま！

1 次のような球の体積を求めなさい。[1点×4]

(1) 半径が 3cm の球

(2) 半径が 6cm の球

(3) 半径が 15cm の球

(4) 半径が 2cm の球

2 次の図のような，球をその中心を通る平面で **2** 等分してできた立体の体積を求めなさい。[2点×2]

(1)

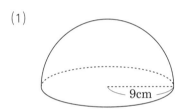

9cm

(2)

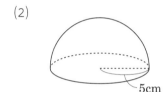

5cm

3 右の図形を，直線ℓを軸として **1** 回転させてできる回転体の体積を求めなさい。[2点]

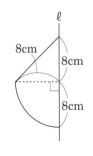

ℓ

8cm　8cm

8cm

円錐と半球を組み合わせた立体ができるね。

今日はここまで! おつかれさま! (-△-)

解答　別冊22ページ

1 次のデータは，あるクラスの女子18人のハンドボール投げの結果をまとめたものである。このデータの範囲を求めなさい。[2点]

| 20 | 18 | 15 | 17 | 19 | 21 | 20 | 14 | 12 |
| 26 | 19 | 16 | 13 | 15 | 19 | 17 | 22 | 16 (単位：m) |

2 右の度数分布表は，中学1年生の男子30人の体重を測定してまとめたものである。[2点×3]

(1) 階級の幅は何kgですか。

(2) 度数が最も大きいのはどの階級ですか。

(3) 体重が45kg未満の生徒は全体の何％ですか。

階級(kg)	度数(人)
30以上35未満	1
35〜40	2
40〜45	9
45〜50	12
50〜55	5
55〜60	1
計	30

3 次のデータは，中学生30人の朝の通学時間を調べてまとめたものである。このデータを，右の度数分布表にまとめなさい。[2点(完答)]

13	7	17	24	11	9
14	10	15	4	5	11
18	7	12	26	9	13
15	10	9	19	4	14
20	6	8	23	14	18 (単位：分)

階級(分)	度数(人)
0以上 5未満	
5 〜 10	
10 〜 15	
15 〜 20	
20 〜 25	
25 〜 30	
計	

な ぞ と き

次のデータの範囲は？

9　7　4　3　5　10　8　11(冊)

範囲は ⑩ 冊

▶▶ p.3の ⑩ にあてはめよう

今日はここまで！おつかれさま！

解答　別冊23ページ

1 下の度数分布表は，中学1年生の女子30人の体重を測定してまとめたものである。これをもとに，ヒストグラムをつくりなさい。[4点]

階級(kg)	度数(人)
30以上35未満	4
35 ～ 40	7
40 ～ 45	9
45 ～ 50	5
50 ～ 55	4
55 ～ 60	1
計	30

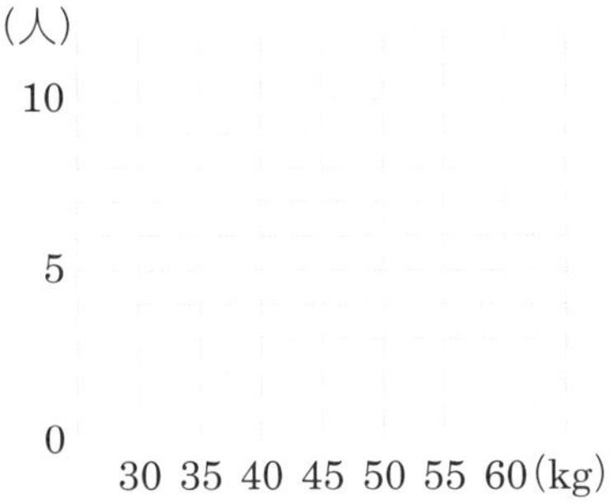

(人)

10

5

0

30 35 40 45 50 55 60 (kg)

2 下の度数分布表は，中学1年生36人の身長を測定してまとめたものである。これをもとに，図1にヒストグラム，図2に度数折れ線をつくりなさい。[2点×2]

階級(cm)	度数(人)
140以上145未満	5
145～150	7
150～155	10
155～160	8
160～165	4
165～170	2
計	36

図1

(人)

10

5

0

140 145 150 155 160 165 170 (cm)

図2

(人)

10

5

0

140 145 150 155 160 165 170 (cm)

3 右の図は，中学1年生の男子40人のハンドボール投げの結果を，ヒストグラムにまとめたものである。記録が高いほうから数えて15番目の生徒が入っている階級とその階級の人数を求めなさい。[2点(完答)]

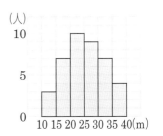

(人)

10

5

0

10 15 20 25 30 35 40 (m)

今日はここまで！ おつかれさま！

75

第7章 データの活用
相対度数

月　日

解答　別冊 23 ページ

1 右の度数分布表は，中学 1 年生の男子 25 人の 50m 走の記録をまとめたものである。空欄をうめて，表を完成させなさい。[2 点(完答)]

階級 (秒)	度数(人)	相対度数
6.5以上 7.0未満	1	0.04
7.0 ～ 7.5	2	0.08
7.5 ～ 8.0	6	
8.0 ～ 8.5	9	
8.5 ～ 9.0	5	0.20
9.0 ～ 9.5	2	0.08
計	25	1.00

2 右の度数分布表は，中学 1 年生 50 人と 3 年生 20 人のハンドボール投げの記録をまとめたものである。それぞれの階級の相対度数を求め，表を完成させなさい。

[2 点× 2 （各完答）]

階級 (m)	1年生		3年生	
	度数(人)	相対度数	度数(人)	相対度数
10以上15未満	6		0	
15～20	12		2	
20～25	15		3	
25～30	10		7	
30～35	5		5	
35～40	2		3	
計	50	1.00	20	1.00

3 **2** の相対度数をもとにして，右の図に，1 年生と 3 年生の相対度数の分布を折れ線グラフに表しなさい。[2 点× 2]

(相対度数)

0.40
0.30
0.20
0.10
0

　10　15　20　25　30　35　40(m)

今日はここまで！ おつかれさま！

76

解答　別冊24ページ

1 次の（　　）にあてはまることばを書きなさい。[1点×4]

・度数分布表で，各階級のまん中の値を（①　　　　　）という。

　度数分布表を利用した平均値は，次の式で求められる。

$$（平均値）＝\frac{[\{（①　　）×（②　　　　　　）\}の合計]}{\{（②　　）の合計\}}$$

・データの値を大きさの順に並べたとき，そのまん中の順位にくる値を（③　　　　　）
　またはメジアンという。データの個数が偶数のときは，まん中の2つの値の平均を
　（③）とする。

・データにおいて，もっとも個数の多い値を（④　　　　　）またはモードという。

2 右の度数分布表は，中学1年生30人の，ある日のテレビの視聴時間を調べてまとめたものである。[1点×2, (1)完答]

(1) 空欄をうめて表を完成させなさい。

(2) 生徒30人のテレビの視聴時間の平均値を求めなさい。

階級(分)	階級値(分)	度数(人)	(階級値)×(度数)
0以上 30未満	15	2	30
30 ～ 60		5	
60 ～ 90		8	
90 ～ 120		9	
120 ～ 150		4	
150 ～ 180		2	
計		30	

3 右のデータは，あるクラスの生徒25人が，ある期間内に読んだ本の冊数の記録である。[1点×4]

(1) 読んだ本の冊数の，平均値，中央値，最頻値をそれぞれ求めなさい。

0	0	0	1	1
1	1	1	1	2
2	2	3	3	3
3	5	6	6	8
8	15	16	18	19

（単位:冊）

(2) このデータの場合，代表値としてもっとも適していると考えられるのは，平均値，中央値，最頻値のうちのどれですか。

今日はここまで！ おつかれさま！

解答　別冊24ページ

1 右の度数分布表は，25人の生徒の握力を測定した記録をまとめたものである。空欄をうめて，表を完成させなさい。[3点(完答)]

記録(kg)	度数(人)	累積度数(人)
15以上20未満	2	
20 ～ 25	4	
25 ～ 30	9	15
30 ～ 35	7	
35 ～ 40	3	25
計	25	

2 下の度数分布表は，図書館の利用者数を50日間調べたものである。空欄をうめて，表を完成させなさい。[3点(完答)]

利用者(人)	度数(日)	累積度数(日)	累積相対度数
0以上25未満	3		
25 ～ 50	9		
50 ～ 75	17		
75 ～ 100	13		
100 ～ 125	8		1.00
計	50		

3 右の度数分布表は，中学1年生20人があるゲームを行ったときの得点を表したものである。[2点×2]

(1) 得点が35点未満の生徒の人数を求めなさい。

(2) 得点が45点未満の生徒の人数は全体の何%か求めなさい。

得点(点)	度数(人)	累積度数(人)
25以上30未満	3	3
30 ～ 35	5	8
35 ～ 40	4	12
40 ～ 45	6	18
45 ～ 50	2	20
計	20	

今日はここまで! おつかれさま!

解答 別冊24ページ

1 1個のさいころを投げて **6** の目が出た回数を調べると，次の表のようになった。次の問いに答えなさい。[2点×2，(1)完答]

投げた回数(回)	100	200	300	400	500	600	700	800	900	1000
6の目が出た回数(回)	20	35	52	68	80	97	121	139	148	162
相対度数										

(1) 空欄をうめて，表を完成させなさい。ただし，小数第三位を四捨五入して求めなさい。

(2) 6の目が出る相対度数はおよそいくらですか。

2 下の表は，2個のビンの王冠**A**，**B**を投げたときの表と裏の出た回数を表したものである。**A**と**B**ではどちらのほうが表が出やすいと考えられますか。[4点]

王冠	表(回)	裏(回)	合計(回)
A	645	855	1500
B	696	1104	1800

3 あるサッカー選手は，**300**回のシュートのうち，**36**回ゴールを決めた。このサッカー選手がゴールを決める確率は，いくらであると考えられますか。[2点]

今日はここまで！おつかれさま！ (・o・)

初版
第 1 刷　2022年 4 月 1 日　発行

● 編　者
　　数研出版編集部
● カバー・表紙デザイン
　　株式会社クラップス（神田真里菜）

発行者　星野　泰也

ISBN978-4-410-15378-5

1回10分数学ドリル＋なぞとき　中1

発行所　**数研出版株式会社**

本書の一部または全部を許可なく
複写・複製することおよび本書の
解説・解答書を無断で作成するこ
とを禁じます。

〒101-0052 東京都千代田区神田小川町 2 丁目 3 番地 3
　　　　　　〔振替〕00140-4-118431
〒604 0861 京都市中京区烏丸通竹屋町上る大倉町205番地
〔電話〕代表　(075)231-0161
ホームページ　https://www.chart.co.jp
印刷　河北印刷株式会社
　　　乱丁本・落丁本はお取り替えいたします　220201

中1数学　答えと解説

① 正の数と負の数　本冊P.6

1 (1) $+9$　　　(2) -4.8

2 (1) $+4$, $+12$

(2) -2, -15, $+4$, 0, $+12$

(3) $+\dfrac{4}{5}$, $+5.6$, $+4$, $\dfrac{7}{4}$, $+12$

(4) -2, -15, -0.8, -0.01

3 (1) -40cm　　(2) $+12000$円

4 (1) -15人減る　(2) $+5$℃低い

解説

1 0より大きい数は＋，0より小さい数は－の符号(ふごう)を使って表す。

2 0より大きい数を正の数，0より小さい数を負の数という。また，正の整数を自然数という。0は正の数でも負の数でもなく，自然数でもない。

3 「長い，短い」や「損失，利益」など，たがいに反対の性質をもつ数量は，正の数，負の数を使って表すことができる。性質を表すことばが反対なら，正負の符号も反対になる。

4 「増える，減る」や「高い，低い」などの性質を表すことばと，正負の符号の両方を反対にすると，同じことがらを表すことができる。

② 数の大小と絶対値　本冊P.7

1 A…-4　　　B…$+6$

2 (1) $-5<+2$　　(2) $-2.1<-1.8$

(3) $-4<0<+3$

(4) $-\dfrac{9}{4}<-2<-\dfrac{7}{4}$

3 (1) 3　　　　(2) 2.4

4 (1) 0, $+6$, -10

(2) $+2.8$, -3, $-\dfrac{13}{4}$

解説

2 数を数直線上の点で表したとき，右側にあるものほど大きく，左側にあるものほど小さい。

(4) $-\dfrac{7}{4}=-1.75$, $-\dfrac{9}{4}=-2.25$より，

$-2.25<-2<-1.75$

よって，$-\dfrac{9}{4}<-2<-\dfrac{7}{4}$

3 数直線上で，その数と原点(0を表す点)との距離(きょり)を絶対値という。正の数，負の数から，その符号をとった値(あたい)が絶対値である。負の数は，絶対値が大きいほど，小さい。

4 (2) $-\dfrac{13}{4}$の絶対値は，$\dfrac{13}{4}=3.25$

③ 加法①　本冊P.8

1 (1) $+7$　　(2) -7　　(3) $+4$

(4) -4　　(5) 0

2 (1) $+5$　　(2) -13　　(3) -57

(4) -29　　(5) -18

解説

1 符号(ふごう)が同じ2つの数の和を求めるときには，2つの数の絶対値の和に，2つの数の共通の符号をつける。符号が異なる2つの数の和を求めるときには，絶対値が大きい方から小さい方をひいた差に，絶対値の大きい方の符号をつける。

(2) $(-2)+(-5)=-(2+5)=-7$

(4) $(+4)+(-8)=-(8-4)=-4$

(5) 絶対値が等しく，符号が異なる2つの数の和は，0になる。

2 (2) $(-28)+(+15)=-(28-15)=-13$

(5) 0とある数との和は，ある数に等しい。

1

④ 加法② 本冊P.9

1 (1) -0.9 (2) -3.8

   (3) $+\dfrac{5}{3}$ (4) $-\dfrac{1}{4}$

   (5) $-\dfrac{1}{6}$

2 (1) -12 (2) 0 (3) -8

   (4) $+1$ (5) -28

解説

1 (4) $\left(+\dfrac{1}{2}\right)+\left(-\dfrac{3}{4}\right)=-\left(\dfrac{3}{4}-\dfrac{2}{4}\right)=-\dfrac{1}{4}$

(5) $\left(-\dfrac{11}{12}\right)+\left(+\dfrac{3}{4}\right)=-\left(\dfrac{11}{12}-\dfrac{9}{12}\right)$

$=-\dfrac{2}{12}=-\dfrac{1}{6}$

2 (2) $(+5)+(-14)+(+9)$

$=\{(+5)+(+9)\}+(-14)$

$=(+14)+(-14)=0$

(5) 絶対値が等しく，符号が異なる2つの数の和

は0であることを利用する。

$(+18)+(-7)+(-18)+(-21)$

$=\{(+18)+(-18)\}+\{(-7)+(-21)\}$

$=0+(-28)=-28$

⑤ 減法① 本冊P.10

1 (1) $+2$ (2) -12 (3) -4

   (4) $+27$ (5) -18

2 (1) -7 (2) -18 (3) $+41$

   (4) -12 (5) -7

解説

1 ひく数の符号を変えて，加法になおす。

(2) $(-9)-(+3)=(-9)+(-3)=-(9+3)$

$=-12$

(3) $(-6)-(-2)=(-6)+(+2)=-(6-2)$

$=-4$

2 (3) $(+23)-(-18)=(+23)+(+18)$

$=+(23+18)=+41$

(5) $0-(+7)=0+(-7)=-7$

⑥ 減法② 本冊P.11

1 (1) $+0.4$ (2) $+2.3$ (3) -5.2

   (4) $+0.6$ (5) $+3.5$

2 (1) $+\dfrac{6}{5}$ (2) $-\dfrac{1}{2}$ (3) $-\dfrac{4}{3}$

   (4) $+\dfrac{5}{8}$ (5) $-\dfrac{49}{24}$

解説

1 (3) $(-1.7)-(+3.5)=(-1.7)+(-3.5)$

$=-5.2$

(4) $(-1.3)-(-1.9)=(-1.3)+(+1.9)=+0.6$

(5) $0-(-3.5)=0+(+3.5)=+3.5$

2 (3) $\left(-\dfrac{3}{2}\right)-\left(-\dfrac{1}{6}\right)=\left(-\dfrac{9}{6}\right)+\left(+\dfrac{1}{6}\right)$

$=-\dfrac{8}{6}=-\dfrac{4}{3}$

(5) $\left(-\dfrac{5}{3}\right)-\left(+\dfrac{3}{8}\right)=\left(-\dfrac{40}{24}\right)+\left(-\dfrac{9}{24}\right)=-\dfrac{49}{24}$

⑦ 加法と減法の混じった計算① 本冊P.12

1 (1) 14 (2) -7 (3) -4

   (4) 7 (5) -5

2 (1) -4 (2) 3 (3) -14

   (4) -16 (5) 3

解説

1 (1) $(+4)-(-7)+(+3)=4+7+3=14$

(4) $(+5)-(+6)-(-8)=5-6+8=5+8-6$

$=13-6=7$

(5) $(+3)-(-5)+(-9)-(+4)=3+5-9-4$

$=8-13=-5$

2 (4) $-12+4-8=-12-8+4=-20+4$

$=-16$

(5) $7-5+14-13=7+14-5-13=21-18$

$=3$

2

8 加法と減法の混じった計算② 本冊P.13

1 (1) 20 　(2) -18 　(3) 44

　(4) 7 　(5) 19

2 (1) -1.4 　(2) 0.8 　(3) $-\dfrac{1}{6}$

　(4) $\dfrac{1}{12}$ 　(5) 0.3

解説

1 (1) $-9+(+15)-(-17)-3$

$=-9+15+17-3 = -9-3+15+17$

$=-12+32 = 20$

2 (5) $1.6-(-0.7)+(-1.2)-0.8$

$= 1.6+0.7-1.2-0.8 = 2.3-2 = 0.3$

9 乗法① 本冊P.14

1 (1) 20 　(2) 56 　(3) -45

　(4) -78 　(5) 0.32 　(6) $-\dfrac{5}{8}$

2 (1) 220 　(2) -700

　(3) 19 　(4) 130

解説

1 符号が同じ 2 つの数の積を求めるには，絶対
値の積に正の符号をつける。符号が異なる 2 つ
の数の積を求めるには，絶対値の積に負の符号
をつける。

(1) $(+4)\times(+5) = +(4\times5) = 20$

(2) $(-7)\times(-8) = +(7\times8) = 56$

(3) $(-9)\times(+5) = -(9\times5) = -45$

2 計算の順序を変え，$2\times5 = 10$，

$4\times25 = 100$ などを利用して，くふうして計算
する。

(2) $(-4)\times(-7)\times(-25) = \{(-4)\times(-25)\}\times(-7)$

$= 100\times(-7) = -700$

(3) $-\dfrac{1}{5}\times(-19)\times5 = \left(-\dfrac{1}{5}\times5\right)\times(-19)$

$= (-1)\times(-19) = 19$

10 乗法② 本冊P.15

1 (1) 36 　(2) -240

　(3) -2.4 　(4) 0

2 (1) $(-5)^2$ 　(2) 2^3

3 (1) 4 　(2) -27

　(3) $\dfrac{4}{9}$ 　(4) -9

解説

1 積の符号は，負の数が奇数個のとき－，偶数
個のとき＋になる。また，積の絶対値は，それ
ぞれの数の絶対値の積になる。

(1) 負の数が 2 個なので，符号は＋になる。

$-6\times(-3)\times(+2) = +(6\times3\times2) = 36$

(2) 負の数が 3 個なので，符号は－になる。

$-5\times(-3)\times8\times(-2) = -(5\times3\times8\times2) = -240$

(4) かけ合わせる数の中に 0 があるとき，それら
の積は 0 になる。

2 (1) 負の数の累乗は，その数全体にかっこを
つけて，かっこの外に指数をつけて表す。

3 (1) $(-2)^2 = (-2)\times(-2) = 4$

(3) $\left(\dfrac{2}{3}\right)^2 = \dfrac{2}{3}\times\dfrac{2}{3} = \dfrac{4}{9}$

(4) $(-1)^4\times(-3^2) = 1\times(-9) = -9$

3

⑪ 除法① 本冊P.16

1 (1) 3　　(2) 7　　(3) -6

(4) -15　(5) -16　(6) 0

2 (1) 0.9　(2) 7

(3) $\dfrac{4}{7}$　(4) $-\dfrac{5}{6}$

解説

1 符号が同じ2つの数の商を求めるには，絶対値の商に正の符号をつける。符号が異なる2つの数の商を求めるには，絶対値の商に負の符号をつける。

(1) $(+24) \div (+8) = +(24 \div 8) = 3$

(2) $(-56) \div (-8) = +(56 \div 8) = 7$

(3) $(+54) \div (-9) = -(54 \div 9) = -6$

(6) 0はどのような数でわっても商は0である。また，0でわる計算は考えない。

2 (4) $-10 \div 12 = -\dfrac{10}{12} = -\dfrac{5}{6}$

⑫ 除法② 本冊P.17

1 (1) $\dfrac{3}{2}$　　(2) -6

2 (1) -2　　(2) $\dfrac{1}{4}$

(3) $-\dfrac{5}{2}$　(4) $\dfrac{1}{24}$

3 (1) 12　　(2) $\dfrac{45}{4}$

(3) -16　(4) $-\dfrac{25}{42}$

解説

1 積が1になる2つの数のうち，一方を他方の逆数という。ある数の逆数を求めるには，1をその数でわる。分数の逆数は，符号はそのままで，分母と分子を逆にすればよい。

2 ある数でわることは，その数の逆数をかけることと同じだから，除法は，逆数の乗法になおして計算する。

(2) $-\dfrac{2}{5} \div \left(-\dfrac{8}{5}\right) = +\left(\dfrac{2}{5} \times \dfrac{5}{8}\right) = \dfrac{1}{4}$

(4) $-\dfrac{7}{12} \div (-14) = +\left(\dfrac{7}{12} \times \dfrac{1}{14}\right) = \dfrac{1}{24}$

3 (1) $8 \times (-9) \div (-6) = +\left(8 \times 9 \times \dfrac{1}{6}\right) = 12$

(4) $-\dfrac{10}{9} \div \left(-\dfrac{8}{5}\right) \times \left(-\dfrac{6}{7}\right)$

$= -\left(\dfrac{10}{9} \times \dfrac{5}{8} \times \dfrac{6}{7}\right) = -\dfrac{25}{42}$

⑬ 四則の混じった計算① 本冊P.18

1 (1) -14　(2) 4　　(3) -8

(4) -6　　(5) 9　　(6) 78

2 (1) -6　　　(2) -14

(3) -4　　　(4) -50

解説

1 乗法や除法は，加法や減法より先に計算する。また，かっこがある式は，その中を先に計算する。

(1) $4 + (-3) \times 6 = 4 + (-18) = -14$

(3) $-24 \div (-8) - 11 = 3 - 11 = -8$

(4) $(-3 + 5) \times (-3) = 2 \times (-3) = -6$

(5) $-63 \div (-4 - 3) = -63 \div (-7) = 9$

2 累乗のある式は，累乗を先に計算する。

(1) $-2^2 + (-16) \div 8 = -4 + (-2) = -6$

(4) $(-5^2) \times \{(-3)^2 - 7\} = (-25) \times (9 - 7)$

$= -25 \times 2 = -50$

⑭ 四則の混じった計算② 　本冊P.19

1　(1)　-6　　(2)　-665　　(3)　23

　　(4)　618　　(5)　91　　(6)　72

2　(1)　-5　　　　(2)　-17

　　(3)　-11　　　(4)　-790

解説

1　分配法則　$\square\times(\bigcirc+\triangle)=\square\times\bigcirc+\square\times\triangle$,

　$(\bigcirc+\triangle)\times\square=\bigcirc\times\square+\triangle\times\square$ を利用する。

(1)　$(-12)\times\left(-\dfrac{5}{6}+\dfrac{4}{3}\right)$

　　$=(-12)\times\left(-\dfrac{5}{6}\right)+(-12)\times\dfrac{4}{3}$

　　$=10+(-16)=-6$

(2)　$7\times(-100+5)=7\times(-100)+7\times5$

　　$=-700+35=-665$

2　分配法則　$\square\times\bigcirc+\square\times\triangle=\square\times(\bigcirc+\triangle)$,

　$\bigcirc\times\square+\triangle\times\square=(\bigcirc+\triangle)\times\square$ を利用する。

(1)　$17\times\left(-\dfrac{1}{3}\right)-2\times\left(-\dfrac{1}{3}\right)$

　　$=(17-2)\times\left(-\dfrac{1}{3}\right)=15\times\left(-\dfrac{1}{3}\right)=-5$

⑮ 素因数分解① 　本冊P.20

1　①　素因数　　②　素因数分解

2　(1)　2, 3, 5, 7

　　(2)　13, 17, 19, 23

3　(1)　$2^4\times3$　　　(2)　$2^3\times3^2$

　　(3)　$3\times5\times7$　　(4)　$2^2\times3^2\times5$

4　12

解説

2　1とその数自身の積の形でしか表すことのできない自然数を素数という。ただし，1は素数ではない。最も小さい素数は2であり，2以外の素数はすべて奇数である。素数は1とその数自身以外には約数をもたない数である。

3　それぞれ次のように計算する。

(1)　$2\,)\,48$
　　　$2\,)\,24$
　　　$2\,)\,12$
　　　$2\,)\,\ 6$
　　　　　　3

(2)　$2\,)\,72$
　　　$2\,)\,36$
　　　$2\,)\,18$
　　　$3\,)\,\ 9$
　　　　　　3

(3)　$3\,)\,105$
　　　$5\,)\,\ 35$
　　　　　　7

(4)　$2\,)\,180$
　　　$2\,)\,\ 90$
　　　$3\,)\,\ 45$
　　　$3\,)\,\ 15$
　　　　　　　5

4　$144=2\times2\times2\times2\times3\times3$

　　$=(2\times2\times3)\times(2\times2\times3)$

　　$=12\times12$

　　$=12^2$

⑯ 素因数分解② 　本冊P.21

1　(1)　$2\times3\times7$　　(2)　$2^3\times7$

　　(3)　$2^3\times13$　　(4)　$2\times3\times5^2$

2　(1)　$27=3^3,\ 36=2^2\times3^2$

　　(2)　9

3　(1)　21　　　(2)　25

解説

2　(2)　それぞれの素因数分解で共通している部分は，(1)より 3^2 なので，最大公約数は9である。

3　(1)　$441=3^2\times7^2=(3\times7)^2=21^2$

5

⑰ 文字を使った式　本冊P.22

1 (1) $(x-5)$個

(2) $(a\times2+b\times2)\,\text{cm}$

2 (1) $-x$　(2) ax^2

(3) $-\dfrac{5}{x}$　(4) $\dfrac{p-q}{2}$

(5) a^2-2b^3　(6) $\dfrac{5a}{b}$

3 (1) $-3\times a\times b$　(2) $(a+b)\div2$

解説

1 (2) 長さ$a\,\text{cm}$の辺と$b\,\text{cm}$の辺が2つずつある。

2 文字式で積を表すときには，乗法の記号×をはぶく。文字と数の積では，数は文字の前に書く。同じ文字の積は，指数を使って書く。文字式で商を表すときには，除法の記号÷は使わず，分数の形で書く。

(1) $-1\times x$は$-1x$ではなく，$-x$と書く。また，$1\times x$はxと書く。

(3) $-$の符号は分数の前に書く。

(4) 不要なかっこは，はぶく。

(5) $a\times a=a^2$，$b\times b\times b\times2=2b^3$ だから，a^2-2b^3 となる。

3 (2) $a+b$を2でわるので，$a+b$にかっこをつける。

⑱ いろいろな数量と文字式　本冊P.23

1 (1) $(45x+120y)$円

(2) $(10000-3x-4y)$円

(3) $(4x-6a)$円

2 (1) $4x\,\text{km}$　(2) $\left(\dfrac{600}{x}+\dfrac{600}{y}\right)$分

(3) $\left(\dfrac{x}{3}+\dfrac{y}{9}\right)$時間

3 (1) $\dfrac{4}{5}x$円　(2) $\dfrac{13}{10}a$円

解説

1 (2) $10000-x\times3-y\times4$

$=10000-3x-4y\,(\text{円})$

(3) 4人が出したお金の合計は，$x\times4\,(\text{円})$

ボールの代金は，$a\times6\,(\text{円})$だから，

$x\times4-a\times6=4x-6a\,(\text{円})$

2 (1) （道のり）=（速さ）×（時間）なので

$x\times4=4x\,(\text{km})$

3 (1) 値引きされた商品を買った代金は，

（定価）×{1−（値引きの割合）} で求められる。

$x\times\left(1-\dfrac{20}{100}\right)=\dfrac{4}{5}x\,(\text{円})$

(2) （定価）=（仕入れ値）×{1+（利益の割合）}より，

$a\times\left(1+\dfrac{3}{10}\right)=\dfrac{13}{10}a\,(\text{円})$

⑲ 式の値①　本冊P.24

1 (1) 1　(2) -9

2 (1) 4　(2) -8

3 (1) 3　(2) -1

4 (1) $-\dfrac{1}{5}$　(2) -1

解説

2 負の値を代入するときには，かっこをつける。

(2) $a^3=(-2)^3=-8$

3 (2) $-3-6x=-3-6\times\left(-\dfrac{1}{3}\right)$

$=-3-(-2)=-1$

4 (1) $-\dfrac{5}{a^2}=-\dfrac{5}{(-5)^2}=-\dfrac{5}{25}=-\dfrac{1}{5}$

(2) $(a+2)^2-10=(-5+2)^2-10=9-10=-1$

⑳ 式の値②　　本冊P.25

1 (1) 7　　(2) -7

(3) -4　　(4) 2

2 (1) -2　　(2) 3

(3) 19　　(4) -47

3 (1) 9　　(2) 13

解説

1 (4) $\dfrac{6}{x}+\dfrac{3}{y}=\dfrac{6}{2}+\dfrac{3}{-3}=3+(-1)=2$

2 (3) $-3a+b^2=-3\times(-5)+(-2)^2$

$=15+4=19$

(4) $-a^2-3ab+2b^2$

$=-(-5)^2-3\times(-5)\times(-2)+2\times(-2)^2$

$=-25-30+8=-47$

3 (2) $a^2-6b=(-4)^2-6\times\dfrac{1}{2}=16-3=13$

㉑ 文字式の計算①　　本冊P.26

1 (1) $5x$　　(2) $4a+4$

(3) $2x-12$　　(4) $-11a+2$

(5) $9a-6$　　(6) $-5x+4$

2 (1) $-7x-4$　　(2) $-a-7$

3 (1) $21a-11$　　(2) $-22a+23$

解説

1 分配法則 $ax+bx=(a+b)x$ を使って，文字の部分が同じ項は，まとめることができる。

(3) $6x-5-4x-7=(6-4)x+(-5-7)$

$=2x-12$

(6) $(2x-5)-(7x-9)=2x-5-7x+9$

$=(2-7)x-5+9=-5x+4$

2 (1) $(2x+3)+(-9x-7)=2x+3-9x-7$

$=(2-9)x+3-7=-7x-4$

3 (1) $(15a-4)-(-6a+7)$

$=15a-4+6a-7=(15+6)a-4-7$

$=21a-11$

㉒ 文字式の計算②　　本冊P.27

1 (1) $-15a$　　(2) $-5a$

(3) $12x-20$　　(4) $6x-8$

2 (1) $11x+11$　　(2) $10x-3$

(3) $-11p+7$　　(4) 10

(5) $2x+2$　　(6) $\dfrac{10x+5}{12}$

解説

1 (3) $4(3x-5)=4\times 3x+4\times(-5)=12x-20$

(4) $(-24x+32)\div(-4)$

$=(-24x+32)\times\left(-\dfrac{1}{4}\right)$

$=-24x\times\left(-\dfrac{1}{4}\right)+32\times\left(-\dfrac{1}{4}\right)=6x-8$

2 (1) $7(x+2)-(-4x+3)=7x+14+4x-3$

$=11x+11$

(6) 通分して分子をまとめる。

$\dfrac{2x-1}{4}+\dfrac{x+2}{3}=\dfrac{3(2x-1)+4(x+2)}{12}$

$=\dfrac{6x-3+4x+8}{12}=\dfrac{10x+5}{12}$

㉓ 関係を表す式①　　本冊P.28

1 (1) $\ell=2a+2b$　　(2) $S=\dfrac{1}{2}ab$

2 (1) $500a+200b=c$　　(2) $\dfrac{12}{x}=y$

(3) $x-3a=y$

(4) $1000-60a-80b=c$

解説

1 (2) （ひし形の面積）$=\dfrac{1}{2}\times$（対角線）$\times$（対角線）

1 (1) $3x-5 < 15$ (2) $5x+3y \geqq 600$

2 (1) $\dfrac{a}{x} > 3$ (2) $x-4a \geqq y$

　(3) $\dfrac{7a+5b}{12} \leqq c$ (4) $\dfrac{x}{3} + \dfrac{y}{5} < 3$

解説

1 「より大きい」,「より小さい(未満)」は, ＞, ＜
で表し, 「以上」, 「以下」は≧, ≦で表す。

2 (3) 12個のおもりの重さの合計は,

$a \times 7 + b \times 5 = 7a+5b\,(\mathrm{g})$

(4) (時間)$=\dfrac{(道のり)}{(速さ)}$ だから, 全体でかかった時

間は, $\left(\dfrac{x}{3} + \dfrac{y}{5}\right)$時間と表される。

また, 「3時間はかからなかった」ことから, か
かった時間は3時間より短いことがわかる。

---

25 **方程式と解**　本冊P.30

1 3

2 -2

3 ウ

4 イ, エ

解説

1 xにそれぞれの数値を代入して, 方程式が成
り立つかどうかを調べる。

$x = 3$のとき, $3x-1 = 3\times 3 - 1 = 8$

2 $x = -2$のとき, $4x+2 = 4\times(-2)+2 = -6$

4 イ　$-2(x+1) = -2\times(4+1) = -2\times 5 = -10$

$3(x-6)-4 = 3\times(4-6)-4 = 3\times(-2)-4$

$= -10$

エ　$\dfrac{x+5}{3} = \dfrac{4+5}{3} = \dfrac{9}{3} = 3$

　$-x+7 = -4+7 = 3$

---

26 **等式の性質**　本冊P.31

1 (1) $x = 5$ (2) $x = 7$

　(3) $x = 3$ (4) $x = 2$

2 (1) $x = 6$ (2) $x = -18$

　(3) $x = 4$ (4) $x = 2$

　(5) $x = 6$ (6) $x = 0.6$

解説

1 次の等式の性質を利用して, 方程式を解く。

・等式の両辺に同じ数をたしても, 等式は成り立
つ。

$A = B$　ならば　$A+C = B+C$

・等式の両辺から同じ数をひいても, 等式は成り
立つ。

$A = B$　ならば　$A-C = B-C$

(1) $x-2 = 3$の両辺に2をたすと,

$x-2+2 = 3+2$　よって, $x = 5$

(3) $x+4 = 7$の両辺から4をひくと,

$x+4-4 = 7-4$　よって, $x = 3$

2 次の等式の性質を利用して, 方程式を解く。

・等式の両辺に同じ数をかけても, 等式は成り立
つ。

$A = B$　ならば　$AC = BC$

・等式の両辺を同じ数でわっても, 等式は成り立
つ。

$A = B$　ならば　$\dfrac{A}{C} = \dfrac{B}{C}$　ただし, $C \neq 0$

(1) $\dfrac{x}{3} = 2$の両辺に3をかけると,

$\dfrac{x}{3}\times 3 = 2\times 3$　よって, $x = 6$

(4) $-4x = -8$の両辺を-4でわると,

$\dfrac{-4x}{-4} = \dfrac{-8}{-4}$　よって, $x = 2$

1 (1) $x = 3$ (2) $x = 4$
  (3) $x = 3$ (4) $x = -2$

2 (1) $x = 2$ (2) $x = 2$
  (3) $x = -1$ (4) $x = 3$
  (5) $x = 3$ (6) $x = 2$

解説

1 等式の一方の辺の項を，その符号を変えて他方の辺に移すことを移項という。左辺の数の項を右辺に移項して方程式を解く。

(1) $x + 1 = 4$ $+1$ を移項すると，
  $x = 4 - 1$ $x = 3$

(2) $x - 2 = 2$ -2 を移項すると，
  $x = 2 + 2$ $x = 4$

2 移項によって，x をふくむ項を左辺に，数の項を右辺に集めて $ax = b$ の形にし，両辺を x の係数 a でわる。

(1) $2x + 1 = 5$ $+1$ を移項すると，
  $2x = 5 - 1$ $2x = 4$ $x = 2$

(3) $-5x + 9 = 14$ $+9$ を移項すると，
  $-5x = 14 - 9$ $-5x = 5$ $x = -1$

(4) $x = 6 - x$ $-x$ を移項すると，
  $x + x = 6$ $2x = 6$ $x = 3$

(6) $-8x = -22 + 3x$ $+3x$ を移項すると，
  $-8x - 3x = -22$ $-11x = -22$ $x = 2$

1 (1) $x = 1$ (2) $x = 5$
  (3) $x = 6$ (4) $x = 2$

2 (1) $x = 3$ (2) $x = 2$
  (3) $x = -5$ (4) $x = 4$
  (5) $x = 3$ (6) $x = -4$

解説

1 (1) $3x + 4 = 2x + 5$
  $+4$, $2x$ を移項すると，
  $3x - 2x = 5 - 4$ $x = 1$

(2) $8x - 7 = 4x + 13$
  -7, $4x$ を移項すると，
  $8x - 4x = 13 + 7$ $4x = 20$ $x = 5$

(3) $-x + 9 = 2x - 9$
  $+9$, $2x$ を移項すると，
  $-x - 2x = -9 - 9$ $-3x = -18$ $x = 6$

2 (2) $-9x + 7 = 6x - 23$
  $-9x - 6x = -23 - 7$ $-15x = -30$ $x = 2$

(6) $5x + 9 = 11x + 33$ $5x - 11x = 33 - 9$
  $-6x = 24$ $x = -4$

9

㉙ いろいろな方程式①　本冊P.34

1 (1) $x = 3$　　(2) $x = 3$

　　(3) $x = -5$　　(4) $x = -1$

　　(5) $x = 4$　　(6) $x = 4$

2 (1) $x = 4$　　(2) $x = 2$

　　(3) $x = 3$　　(4) $x = 12$

解説

1 かっこをはずしてから，移項して $ax = b$ の形にする。

(1) $3x - 7 = 2(x - 2)$　$3x - 7 = 2x - 4$

$3x - 2x = -4 + 7$　$x = 3$

(3) $9x - 7 = 4(x - 8)$　$9x - 7 = 4x - 32$

$9x - 4x = -32 + 7$　$5x = -25$　$x = -5$

2 係数に小数をふくむ方程式は，両辺を 10 倍，100 倍，…して，係数を整数になおして解く。

(2) $1.5x - 3 = 1.8 - 0.9x$　両辺を 10 倍して，

$15x - 30 = 18 - 9x$　$15x + 9x = 18 + 30$

$24x = 48$　$x = 2$

(4) $0.3x - 2 = 0.15x - 0.2$　両辺を 100 倍して，

$30x - 200 = 15x - 20$　$30x - 15x = -20 + 200$

$15x = 180$　$x = 12$

㉚ いろいろな方程式②　本冊P.35

1 (1) $x = 4$　　(2) $x = 3$

　　(3) $x = 2$　　(4) $x = 5$

2 (1) $x = 16$　　(2) $x = 28$

　　(3) $x = 32$　　(4) $x = 10$

　　(5) $x = 7$　　(6) $x = 7$

解説

1 係数に分数をふくむ方程式は，両辺に分母の公倍数をかけて，係数を整数になおして解く。

(2) $\dfrac{1}{4}x - \dfrac{5}{2} = \dfrac{3}{4} - \dfrac{5}{6}x$　両辺を 12 倍して，

$3x - 30 = 9 - 10x$　$3x + 10x = 9 + 30$

$13x = 39$　$x = 3$

(4) $\dfrac{4x - 5}{3} = \dfrac{x + 5}{2}$　両辺を 6 倍して，

$2(4x - 5) = 3(x + 5)$　$8x - 10 = 3x + 15$

$8x - 3x = 15 + 10$　$5x = 25$　$x = 5$

2 「$a : b = c : d$ のとき，$ad = bc$」という比例式の性質を利用して x の値を求める。

(1) $x : 6 = 8 : 3$　$x \times 3 = 6 \times 8$

$3x = 48$　$x = 16$

(4) $(x - 1) : 6 = 3 : 2$　$(x - 1) \times 2 = 6 \times 3$

$2x - 2 = 18$　$2x = 20$　$x = 10$

㉛ 1 次方程式の利用①　本冊P.36

1 40 円

2 鉛筆…8 本　　ボールペン…5 本

3 2250 円

4 子ども…13 人　　色紙…150 枚

解説

1 みかん 1 個の値段を x 円とすると，

$5x + 160 \times 3 = 680$　$5x = 200$　$x = 40$

2 ボールペンを x 本買ったとすると，

鉛筆は $(x + 3)$ 本買ったから，

$75(x + 3) + 90x = 1050$

$165x = 825$　$x = 5$

3 x 円ずつ出し合ったとすると，プレゼントを買った後の姉と弟の所持金はそれぞれ，

$(4500 - x)$ 円，$(3000 - x)$ 円

姉の所持金は弟の所持金の 3 倍になったから，

$4500 - x = 3(3000 - x)$

$2x = 4500$　$x = 2250$

4 子どもの人数を x 人とする。色紙の枚数は，

1 人に 12 枚ずつ配るとき，$(12x - 6)$ 枚，

10 枚ずつ配るとき，$(10x + 20)$ 枚と表される。

よって，$12x - 6 = 10x + 20$

$2x = 26$　$x = 13$

㉜ 1次方程式の利用②　本冊P.37

１ 5分後

２ 1260m

３ 80mL

４ 200個

解説

１ 妹が出発してから x 分後に姉に追いつくとすると，姉が進んだ時間は $(x+10)$ 分だから，

姉が進んだ道のりは，$60(x+10)$ m

妹が進んだ道のりは $180x$ m だから，

$60(x+10) = 180x$

$120x = 600$　$x = 5$

２ 家から駅までの道のりを x m とすると，

かかる時間は，分速 70m のとき $\dfrac{x}{70}$ 分，

分速 210m のとき $\dfrac{x}{210}$ 分だから，

$\dfrac{x}{70} = \dfrac{x}{210} + 12$　両辺を 210 倍して，

$3x = x + 2520$　$x = 1260$

３ 使った牛乳を x mL とすると，

$120 : x = 3 : 2$　$120 \times 2 = x \times 3$　$x = 80$

４ 黒のご石が x 個あるとすると，

白のご石は $(350-x)$ 個だから，

$(350-x) : x = 3 : 4$

$(350-x) \times 4 = x \times 3$　$x = 200$

㉝ 関数①　本冊P.38

１ 左から順に，0，4，8，12，16，20，

28，32，36，40

２

x	40	48	50	60	75	80
y	30	25	24	20	16	15

３ (1) ○　(2) ×　(3) ○

(4) ○　(5) ×

解説

１ 6分後に水の深さが 24cm になったことから，

1分間で水の深さは，$24 \div 6 = 4$(cm) ずつ増える。

よって，x の値の 4 倍が，対応する y の値になる。

２ (速さ)＝$\dfrac{(道のり)}{(時間)}$，(時間)＝$\dfrac{(道のり)}{(速さ)}$ だから，

1.2km＝1200m を x または y の値でわった商が，対応する y または x の値になる。

３ ともなって変わる 2 つの量 x と y があり，x の値が 1 つ決まると，それに対応して y の値がただ 1 つだけ決まるとき，y は x の関数であるという。

(1)(3)(4)　x の値が 1 つ決まると，y の値も 1 つだけ決まるので，y は x の関数である。

(2)　同じ身長 x cm の人でも，体重はそれぞれの人によって異なるから，y は x の関数とはいえない。

(5)　タクシー料金 x 円が同じでも，走行距離 y km は 1 つだけには決まらない。

㉞ 関数②　本冊P.39

１ (1) $x \geqq 0$　　(2) $x < -3$

(3) $2 \leqq x \leqq 10$　　(4) $1 < x < 8$

(5) $-5 \leqq x < 3$　　(6) $x < 15$

(7) $\dfrac{2}{5} < x < \dfrac{15}{4}$　　(8) $0 \leqq x < 120$

２ (1) $0 \leqq x \leqq 20$　　(2) $0 \leqq y \leqq 200$

解説

１ (5)　「−5 以上」は −5 をふくみ，「3 より小さい」は 3 をふくまない。

(6)　「未満」は「より小さい」と同じである。

２ (1)　水そうがいっぱいになるのは，水を入れ始めてから，$200 \div 10 = 20$(分後) なので，x の範囲は 0 以上 20 以下になる。

㉟ 比例　本冊P.40

1. (1) $y = 5x$　　(2) 5
2. (1) 式…$y = 12x$　比例定数…12
   (2) 式…$y = 45x$　比例定数…45
   (3) 式…$y = 6x$　　比例定数…6
3. (1) 左から順に，
   16，12，8，4，0，−4，−8
   (2) yの値はそれぞれ2倍，3倍，4倍
   になる。

解説

1. xの値が2倍，3倍，…になると，yの値も2倍，3倍，…になっているので，比例の関係である。このとき，対応するxとyの比の値$\frac{y}{x}$は一定で，この値は比例定数に等しい。yの値は常に対応するxの値の5倍になっているので，比例定数は5である。

3. 比例の関係では，xの値が正の数でも負の数でも，xの値が2倍，3倍，4倍，…になると，yの値も2倍，3倍，4倍，…になる。

㊱ 比例の式①　本冊P.41

1. (1) $y = 3x$　　(2) $y = 2x$
   (3) $y = -5x$　(4) $y = 4x$
2. (1) $y = 4x$　　(2) $y = 28$
3. (1) $y = -6x$　(2) $y = 12$

解説

1. (1) 比例の関係は，比例定数をaとすると，$y = ax$と表される。$y = ax$に$x = 3$，$y = 9$を代入して，$9 = 3a$より，$a = 3$　よって，$y = 3x$
   (3) $y = ax$に$x = 2$，$y = -10$を代入して，
   $-10 = 2a$より，$a = -5$　よって，$y = -5x$

2. (1) $y = ax$に$x = 4$，$y = 16$を代入して，
   $16 = 4a$より，$a = 4$　よって，$y = 4x$
   (2) $y = 4x$に$x = 7$を代入して，$y = 4 \times 7 = 28$
3. (1) $y = ax$に$x = 3$，$y = -18$を代入して，
   $-18 = 3a$より，$a = -6$　よって，$y = -6x$
   (2) $y = -6x$に$x = -2$を代入して，
   $y = -6 \times (-2) = 12$

㊲ 比例の式②　本冊P.42

1. (1) $y = -3x$　　(2) $x = -8$
2. (1) $y = \frac{5}{2}x$　　(2) $x = -2$
3. (1) $y = \frac{2}{3}x$　(2) $y = -2$　(3) $x = \frac{9}{2}$
4. 式…$y = 6x$
   xの変域…$0 \leqq x \leqq 35$

解説

1. (2) $y = -3x$に$y = 24$を代入して，
   $24 = -3x$より，$x = -8$
2. (2) $y = \frac{5}{2}x$に$y = -5$を代入して，
   $-5 = \frac{5}{2}x$より，$x = -2$
3. (1) $y = ax$に$x = 6$，$y = 4$を代入して，
   $4 = 6a$より，$a = \frac{2}{3}$　よって，$y = \frac{2}{3}x$
   (2) $y = \frac{2}{3}x$に$x = -3$を代入して，
   $y = \frac{2}{3} \times (-3) = -2$
   (3) $y = \frac{2}{3}x$に$y = 3$を代入して，$3 = \frac{2}{3}x$より，
   $x = \frac{9}{2}$
4. 毎分6Lずつ水を入れるので，$y = 6x$
   水そうがいっぱいになるのは，水を入れ始めてから，$210 \div 6 = 35$(分後)なので，xの変域は，
   $0 \leqq x \leqq 35$

1 A(3, 2)
　　B(4, −4)
　　C(−1, 4)
　　D(−5, −3)

2
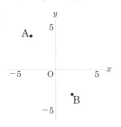

3
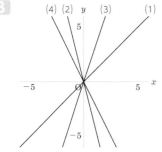

解説

3 比例のグラフは，原点を通る直線だから，そのグラフが通る原点以外の点を求め，その点と原点を直線で結べばよい。

⑴ (1, 1)，(2, 2)，…，(5, 5)と原点を通る。

⑵ (1, −4)と原点を通る。

⑶ (1, 3)と原点を通る。

⑷ (1, −2)と原点を通る。

1
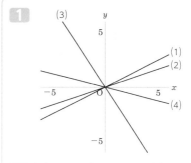

2 ⑴ $y = 2x$ 　　⑵ $y = 3x$
　　⑶ $y = -x$ 　　⑷ $y = -4x$

3 ⑴ $y = \dfrac{5}{2}x$ 　　⑵ $y = -\dfrac{1}{3}x$

解説

1 グラフが通る点の中で，x座標，y座標の両方が整数となる点を求め，その点と原点を直線で結べばよい。

⑴ (2, 1)と原点を通る。

⑵ (3, 1)と原点を通る。

⑶ (2, −3)と原点を通る。

⑷ (4, −1)と原点を通る。

2 グラフが通る原点以外の点をさがし，その点のx座標，y座標から比例定数を求める。

⑴ (1, 2)を通るから，比例定数は 2

⑵ (1, 3)を通るから，比例定数は 3

⑶ (1, −1)を通るから，比例定数は−1

⑷ (1, −4)を通るから，比例定数は−4

3 ⑴ (2, 5)を通るから，比例定数は$\dfrac{5}{2}$

⑵ (3, −1)を通るから，比例定数は$-\dfrac{1}{3}$

40 反比例　本冊P.45

1 (1) $y = \dfrac{18}{x}$　　(2) 18

2 (1) $y = \dfrac{24}{x}$　　(2) $y = \dfrac{60}{x}$

(3) $y = \dfrac{120}{x}$　　(4) $y = \dfrac{300}{x}$

3 (1) 左から順に，

$-\dfrac{5}{2}$, $-\dfrac{10}{3}$, -5, -10, 10, 5

(2) y の値はそれぞれ $\dfrac{1}{2}$ 倍，$\dfrac{1}{3}$ 倍，$\dfrac{1}{4}$ 倍になる。

解説

1 常に $xy = 18$ より，$y = \dfrac{18}{x}$

反比例の比例定数は，x と y の積（一定）に等しいから，18

2 (1) $xy = 24$ より，$y = \dfrac{24}{x}$

(2) $xy = 60$ より，$y = \dfrac{60}{x}$

(3) $xy = 120$ より，$y = \dfrac{120}{x}$

(4) $3\mathrm{m} = 300\mathrm{cm}$ だから，1 人分の長さは，

$300 \div x\,(\mathrm{cm})$　　よって，$y = \dfrac{300}{x}$

3 反比例の関係では，x の値が正の数でも負の数でも，x の値が 2 倍，3 倍，4 倍，…になると，y の値は $\dfrac{1}{2}$ 倍，$\dfrac{1}{3}$ 倍，$\dfrac{1}{4}$ 倍，…になる。

41 反比例の式①　本冊P.46

1 (1) $y = \dfrac{6}{x}$　　(2) $y = \dfrac{10}{x}$

(3) $y = -\dfrac{12}{x}$　　(4) $y = -\dfrac{36}{x}$

(5) $y = \dfrac{18}{x}$

2 (1) $y = \dfrac{15}{x}$　　(2) $y = \dfrac{20}{x}$

(3) $y = \dfrac{60}{x}$　　(4) $y = -\dfrac{24}{x}$

(5) $y = -\dfrac{10}{x}$

解説

1 反比例の関係は，比例定数を a とすると，$y = \dfrac{a}{x}$ と表される。比例定数 a は $a = xy$ より求められる。

(1) 比例定数 $a = xy = 2 \times 3 = 6$

(2) 比例定数 $a = xy = 5 \times 2 = 10$

(3) 比例定数 $a = xy = 3 \times (-4) = -12$

(4) 比例定数 $a = xy = -6 \times 6 = -36$

(5) 比例定数 $a = xy = -2 \times (-9) = 18$

2 (1) 比例定数は，$-\dfrac{15}{2} \times (-2) = 15$

(2) 比例定数は，$8 \times \dfrac{5}{2} = 20$

(3) 比例定数は，$-4 \times (-15) = 60$

(4) 比例定数は，$-5 \times \dfrac{24}{5} = -24$

(5) 比例定数は，$\dfrac{20}{3} \times \left(-\dfrac{3}{2}\right) = -10$

42 反比例の式②　本冊P.47

1 (1) $y = \dfrac{48}{x}$　　(2) $y = -6$

2 (1) $y = -\dfrac{15}{x}$　　(2) $y = -25$

3 (1) $y = -\dfrac{30}{x}$　　(2) $y = -5$

(3) $y = -\dfrac{5}{3}$

解説

1 (1) 比例定数は，$3 \times 16 = 48$ だから，

$y = \dfrac{48}{x}$

(2) $y = \dfrac{48}{-8} = -6$

2 (1) 比例定数は，$-\dfrac{5}{2} \times 6 = -15$ だから，

$y = -\dfrac{15}{x}$

3 (1) 比例定数は，$\dfrac{15}{2} \times (-4) = -30$ だから，

$y = -\dfrac{30}{x}$

(3) $y = -\dfrac{30}{18} = -\dfrac{5}{3}$

43 反比例のグラフ①　　本冊P.48

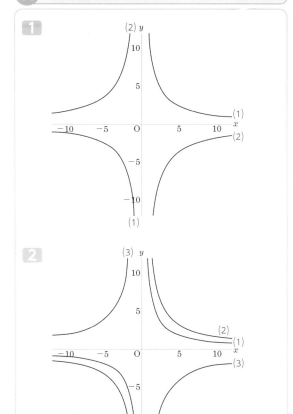

解説

1 反比例のグラフは，双曲線とよばれるなめらかな2つの曲線になる。グラフをかくときには，対応するxとyの値を求め，それらをグラフ上に点で表し，なめらかな曲線で結ぶ。

(1) $(1, 12)$, $(2, 6)$, $(3, 4)$, $(4, 3)$, $(6, 2)$, $(12, 1)$を結ぶ。また，$(-1, -12)$, $(-2, -6)$, $(-3, -4)$, $(-4, -3)$, $(-6, -2)$, $(-12, -1)$を結ぶ。

(2) $(2, -9)$, $(3, -6)$, $(6, -3)$, $(9, -2)$を結ぶ。また，$(-2, 9)$, $(-3, 6)$, $(-6, 3)$, $(-9, 2)$を結ぶ。

2 それぞれのグラフは，次の点を通る。

(1) $(1, 9)$, $(3, 3)$, $(9, 1)$　また，$(-1, -9)$, $(-3, -3)$, $(-9, -1)$

(2) $(2, 8)$, $(4, 4)$, $(8, 2)$　また，$(-2, -8)$, $(-4, -4)$, $(-8, -2)$

(3) $(2, -10)$, $(4, -5)$, $(5, -4)$, $(10, -2)$　また，$(-2, 10)$, $(-4, 5)$, $(-5, 4)$, $(-10, 2)$

44 反比例のグラフ②　　本冊P.49

1 (1) **ア**　　(2) **エ**

2 (1) $y = \dfrac{18}{x}$　　(2) $y = -\dfrac{24}{x}$

3 (1) $y = \dfrac{35}{x}$　　(2) $y = -\dfrac{40}{x}$

解説

1 (1) $(4, 4)$を通る。比例定数は，$4 \times 4 = 16$

(2) $(6, -6)$を通る。比例定数は，$6 \times (-6) = -36$

2 (1) $(3, 6)$を通る。比例定数は，$3 \times 6 = 18$

(2) $(4, -6)$を通る。比例定数は，$4 \times (-6) = -24$

3 (1) 比例定数は，$5 \times 7 = 35$

(2) 比例定数は，$-4 \times 10 = -40$

15

㊺ 比例と反比例の利用①　　本冊P.50

1 (1) 900g　　(2) $y = 15x$

2 (1) 4cm　　(2) $y = \dfrac{24}{x}$

3 (1) $y = \dfrac{4}{5}x$　(2) 60kg　(3) 135L

解説

1 (1) 60個は20個の，$60 \div 20 = 3$(倍)だから，

重さも3倍になる。よって，$300 \times 3 = 900$(g)

(2) おもり1個の重さは，$300 \div 20 = 15$(g)

よって，$y = 15x$

2 (1) $\dfrac{1}{2} \times 6 \times y = 12$ より，$y = 4$

(2) $\dfrac{1}{2}xy = 12$ より，$y = \dfrac{24}{x}$

3 (1) 油1Lの重さは，$24 \div 30 = \dfrac{4}{5}$(kg)

よって，$y = \dfrac{4}{5}x$

(2) (1)に $x = 75$ を代入して，$y = \dfrac{4}{5} \times 75 = 60$

(3) (1)に $y = 108$ を代入して，

$108 = \dfrac{4}{5}x$　$x = 135$

㊻ 比例と反比例の利用②　　本冊P.51

1 (1) 40cm　　(2) $y = 4x$

(3) 5分　　(4) $\dfrac{15}{2}$分後

2 (1) $y = 2x$

(2) $0 \leqq x \leqq 12$

$0 \leqq y \leqq 24$

(3)

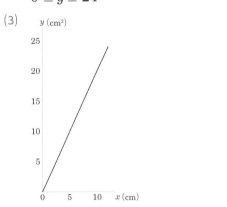

解説

1 (2) 10分後の水の深さが40cmなので，1分間

に入る水の深さは，$40 \div 10 = 4$(cm)

よって，$y = 4x$

(3) Bがいっぱいになるのは，$y = 4x$ に $y = 60$

を代入して，$60 = 4x$　$x = 15$

Aがいっぱいになるのは，グラフより10分後。

よって，$15 - 10 = 5$(分)

(4) Aのグラフは $y = 6x$　水を入れ始めてから

x 分後の水の深さは，Aが $6x$cm，Bが $4x$cm

だから，$6x - 4x = 15$ より，$x = \dfrac{15}{2}$

2 (1) $\dfrac{1}{2} \times x \times 4 = y$ より，$y = 2x$

(2) 点PがCに一致するとき，x の値は最大にな

るから，$0 \leqq x \leqq 12$　$x = 12$ のとき，y の値は

最大になり，$y = 2 \times 12 = 24$

よって，$0 \leqq y \leqq 24$

(3) 原点と $(12, 24)$ を結ぶ。

㊼ 直線と角　　本冊P.52

1 ① 線分AB　　② 距離

③ 半直線AB

2 ① AB∥CD　　② AB⊥CD

③ 垂線

3 ① △ABC　　② ∠AOB

4 (1) AC⊥BD　　(2) ∠ABC

㊽ 図形の移動　　本冊P.53

1 △ODF

2 △EOD

3

4 △GFH，△CBD

49 作図① 本冊P.54

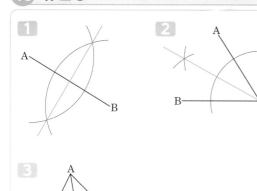

解説

1 A, Bを中心とする同じ半径の円をかき, その2つの交点を直線で結ぶ。

3 角の二等分線上の点は, 角の2辺から等しい距離にある。したがって, ∠BACの二等分線と辺BCの交点がPである。

50 作図② 本冊P.55

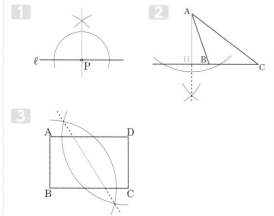

解説

3 対称の軸は, 対応する2点を結ぶ線分を垂直に2等分するから, 線分BDの垂直二等分線が折り目となる。

51 円とおうぎ形の性質① 本冊P.56

1 ① 弧　　　② $\overset{\frown}{AB}$
　 ③ 弦　　　④ 接する
　 ⑤ 接線　　⑥ 接点
　 ⑦ 半径　　⑧ 垂直

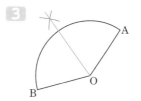

解説

3 円の接線は, 接点を通る半径に垂直だから, Pを通る直線OPの垂線を作図する。

52 円とおうぎ形の性質② 本冊P.57

1 ① 弧　　　　② 半径
　 ③ おうぎ形　④ 中心角

2 (1) おうぎ形の弧の長さや面積はそれぞれ2倍, 3倍になる。

　 (2) 比例するといえる。

3

解説

3 おうぎ形は, 中心角の二等分線を対称の軸とする線対称な図形である。

53 弧の長さと面積①　　本冊P.58

1 (1) 周の長さ…8πcm

面積…16πcm^2

(2) 周の長さ…10πcm

面積…25πcm^2

2 (1) 24πcm　　(2) 16πcm^2

3 (1) 弧の長さ…2πcm

面積…6πcm^2

(2) 弧の長さ…15πcm

面積…75πcm^2

解説

円の半径をr，周の長さをℓ，面積をSとすると，

$\ell = 2\pi r$，$S = \pi r^2$である。

おうぎ形の半径をr，中心角を$a°$，弧の長さをℓ，

面積をSとすると，$\ell = 2\pi r \times \dfrac{a}{360}$，

$S = \pi r^2 \times \dfrac{a}{360}$である。

1 (1) 円周の長さは，$2\pi \times 4 = 8\pi$(cm)

面積は，$\pi \times 4^2 = 16\pi$(cm^2)

(2) 半径は，$10 \div 2 = 5$(cm)だから，

円周の長さは，$2\pi \times 5 = 10\pi$(cm)

面積は，$\pi \times 5^2 = 25\pi$(cm^2)

2 (1) 3つの円の半径はそれぞれ，2cm，4cm，

6cmだから，求める周の長さは，

$2\pi \times 2 + 2\pi \times 4 + 2\pi \times 6$

$= 2\pi \times (2 + 4 + 6) = 24\pi$(cm)

(2) $\pi \times 6^2 - (\pi \times 2^2 + \pi \times 4^2) = 16\pi$(cm^2)

3 (1) 弧の長さは，$2\pi \times 6 \times \dfrac{60}{360} = 2\pi$(cm)

面積は，$\pi \times 6^2 \times \dfrac{60}{360} = 6\pi$(cm^2)

54 弧の長さと面積②　　本冊P.59

1 (1) 3πcm^2　　(2) 10πcm^2

2 (1) 96cm^2　　(2) $\dfrac{125}{3}$cm^2

3 (1) $72°$　　(2) $150°$

4 (1) $108°$　　(2) $216°$

解説

おうぎ形の半径をr，弧の長さをℓ，面積をSと

すると，$S = \dfrac{1}{2}\ell r$である。

1 (1) $\dfrac{1}{2} \times 2\pi \times 3 = 3\pi$(cm^2)

2 (1) $\dfrac{1}{2} \times 24 \times 8 = 96$(cm^2)

(2) $\dfrac{1}{2} \times \dfrac{25}{3} \times 10 = \dfrac{125}{3}$(cm^2)

3 (1) 中心角の大きさを$x°$とすると，

$2\pi \times 15 \times \dfrac{x}{360} = 6\pi$より，$x = 72$

55 いろいろな立体　　本冊P.60

1 (1) 円柱…円，2つ

円錐…円，1つ

(2) 正四角柱…正方形，2つ

正四角錐…正方形，1つ

2 (1) 四面体　　(2) 六面体

3

	面の形	1つの頂点に集まる面の数	面の数	辺の数	頂点の数
正四面体	正三角形	3	4	6	4
正六面体	正方形	3	6	12	8
正八面体	正三角形	4	8	12	6
正十二面体	正五角形	3	12	30	20
正二十面体	正三角形	5	20	30	12

解説

1 柱体は上下の底面は同じ形で，錐体はとがった形になっている。

56 空間における位置関係　本冊P.61

1 (1) 直線BC，FG，EH
　　(2) 直線AB，DC，AE，DH
　　(3) 直線BF，CG，EF，HG
2 (1) 直線AB，BC，CD，DA
　　(2) 直線AE，BF，CG，DH
　　(3) 平面DHGC
　　(4) 平面AEFB，DABC，DHGC，
　　　　HEFG
3 (1) 直線AG，BH，CI，DJ，EK，FL
　　(2) 直線AF，AG，GL，FL，BH，EK
　　(3) 平面AGLF

解説

1 (3) 平行でもなく交わりもしない2直線の位
置関係をねじれの位置という。

2 (1) 平面EFGHと平行な面は平面ABCDだ
から，平面ABCD上の辺は平面EFGHと平行
になる。

57 立体のいろいろな見方①　本冊P.62

1 (1) 三角柱　　　(2) 四角柱(直方体)
　　(3) 六角柱　　　(4) 円柱
2 ウ
3 (1) 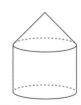　　(2)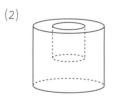

解説

1 (1) 右の図のような，
三角柱になる。

2 三角形の部分を回転させると円錐になり，
おうぎ形の部分を回転させると半球になる。

58 立体のいろいろな見方②　本冊P.63

1 (1) 台形　　　　(2) 円
2 (1) エ　　　　　(2) ア
　　(3) イ
3 イ，ウ

解説

1 (2) 回転の軸に垂直な平面は，底面に平行な
面だから，切り口は円になる。

2 (1) 平面図が円で，立面図が長方形だから，
円柱。

　　(2) 平面図が円で，立面図が二等辺三角形だから，
円錐。

　　(3) 平面図が四角形で，立面図が二等辺三角形だ
から，四角錐。

3 下の図のような三角柱の場合，平面図と立面
図で表すと，ともに長方形に見える。

19

59 角柱の表面積　本冊P.64

1 (1) 18cm^2　(2) 90cm^2

2 (1) 108cm^2　(2) 168cm^2

3 (1) 204cm^2　(2) 524cm^2

解説

（角柱の表面積）＝（底面積）×2＋（側面積）

1 (1) $(3+6)\times4\times\dfrac{1}{2}=18\,(\text{cm}^2)$

(2) 側面を展開すると，縦 5cm，

横 $3+4+6+5=18\,(\text{cm})$ の長方形になるから，

$5\times18=90\,(\text{cm}^2)$

2 (1) $4\times3\times2+6\times(4+3+4+3)=108\,(\text{cm}^2)$

(2) $6\times8\times\dfrac{1}{2}\times2+5\times(6+8+10)=168\,(\text{cm}^2)$

3 (2) 底面積は，$(5+21)\times6\times\dfrac{1}{2}=78\,(\text{cm}^2)$

側面積は，$8\times(5+10+21+10)=368\,(\text{cm}^2)$

よって，表面積は，$78\times2+368=524\,(\text{cm}^2)$

60 円柱の表面積　本冊P.65

1 (1) $16\pi\text{cm}^2$　(2) $56\pi\text{cm}^2$

2 (1) $78\pi\text{cm}^2$　(2) $170\pi\text{cm}^2$

(3) $180\pi\text{cm}^2$

3 $168\pi\text{cm}^2$

解説

（円柱の表面積）＝（底面積）×2＋（側面積）

1 (2) 側面を展開すると，縦 7cm，

横 $2\pi\times4=8\pi\,(\text{cm})$ の長方形になるから，

側面積は，$7\times8\pi=56\pi\,(\text{cm}^2)$

2 (1) $\pi\times3^2\times2+10\times2\pi\times3=78\pi\,(\text{cm}^2)$

3 底面が半径 6cm の円で，高さが 8cm の円柱

になるから，

$\pi\times6^2\times2+8\times2\pi\times6=168\pi\,(\text{cm}^2)$

61 角柱の体積　本冊P.66

1 (1) 80cm^3　(2) 90cm^3

2 (1) 192cm^3　(2) 264cm^3

3 (1) 75cm^3　(2) 810cm^3

解説

（角柱の体積）＝（底面積）×（高さ）

2 (1) $12\times8\times\dfrac{1}{2}\times4=192\,(\text{cm}^3)$

(2) $\left(8\times3\times\dfrac{1}{2}+8\times8\times\dfrac{1}{2}\right)\times6=264\,(\text{cm}^3)$

3 (1) 底辺が 5cm，高さが 12cm の三角形を底

面とすると，$5\times12\times\dfrac{1}{2}\times2.5=75\,(\text{cm}^3)$

(2) $9\times12\times\dfrac{1}{2}\times15=810\,(\text{cm}^3)$

62 円柱の体積　本冊P.67

1 (1) $60\pi\text{cm}^3$　(2) $108\pi\text{cm}^3$

2 (1) $396\pi\text{cm}^3$　(2) $480\pi\text{cm}^3$

3 (1) $48\pi\text{cm}^3$　(2) $279\pi\text{cm}^3$

解説

（円柱の体積）＝（底面積）×（高さ）

2 (1) $\pi\times6^2\times11=396\pi\,(\text{cm}^3)$

(2) $\pi\times8^2\times7.5=480\pi\,(\text{cm}^3)$

3 (1) 底面の半径が 2cm，高さ 4cm の円柱と，

底面の半径が 4cm，高さ 2cm の円柱を合わせ

た立体になるから，

$\pi\times2^2\times4+\pi\times4^2\times2=48\pi\,(\text{cm}^3)$

(2) 底面の半径が 6cm，高さ 9cm の円柱から，

底面の半径が 3cm，高さ 5cm の円柱を取りの

ぞいた立体になるから，

$\pi\times6^2\times9-\pi\times3^2\times5=279\pi\,(\text{cm}^3)$

角錐の表面積　　本冊P.68

1 (1)　108cm^2　(2)　144cm^2

2 (1)　175cm^2　(2)　504cm^2

3 (1)　384cm^2　(2)　339cm^2

解説

(角錐の表面積)＝(底面積)＋(側面積)

2 (1)　$7\times7+7\times9\times\dfrac{1}{2}\times4=175\,(\text{cm}^2)$

(2)　$12\times12+12\times15\times\dfrac{1}{2}\times4=504\,(\text{cm}^2)$

3 (1)　底辺 8cm，高さ 12cm の三角形 8 個分の

　面積になるから，$8\times12\times\dfrac{1}{2}\times8=384\,(\text{cm}^2)$

(2)　$7\times15+7\times12\times\dfrac{1}{2}\times2+15\times10\times\dfrac{1}{2}\times2$

　$=339\,(\text{cm}^2)$

64 **円錐の表面積**　　本冊P.69

1 (1)　$6\pi\text{cm}$　(2)　$27\pi\text{cm}^2$

2 (1)　$64\pi\text{cm}^2$　(2)　$120\pi\text{cm}^2$

　(3)　$184\pi\text{cm}^2$

3 (1)　$56\pi\text{cm}^2$　(2)　$21\pi\text{cm}^2$

解説

(円錐の表面積)＝(底面積)＋(側面積)

1 (1)　円錐で，側面のおうぎ形の弧の長さと底面

　の円周の長さは等しいから，$2\pi\times3=6\pi\,(\text{cm})$

(2)　$\dfrac{1}{2}\times6\pi\times9=27\pi\,(\text{cm}^2)$

2 (2)　側面のおうぎ形の弧の長さは，

　$2\pi\times8=16\pi\,(\text{cm})$

　であるから，側面積は，

　$\dfrac{1}{2}\times16\pi\times15=120\pi\,(\text{cm}^2)$

3 (1)　底面積は，$\pi\times4^2=16\pi\,(\text{cm}^2)$

　側面積は，$\dfrac{1}{2}\times(2\pi\times4)\times10=40\pi\,(\text{cm}^2)$

　よって，表面積は，$16\pi+40\pi=56\pi\,(\text{cm}^2)$

65 **角錐の体積**　　本冊P.70

1 (1)　24cm^3　(2)　120cm^3

2 (1)　50cm^3　(2)　147cm^3

3 (1)　88cm^3　(2)　$\dfrac{80}{3}\text{cm}^3$

解説

(角錐の体積)＝(底面積)×(高さ)×$\dfrac{1}{3}$

2 (1)　$5\times5\times6\times\dfrac{1}{3}=50\,(\text{cm}^3)$

(2)　$7\times7\times9\times\dfrac{1}{3}=147\,(\text{cm}^3)$

3 (1)　$6\times8\times\dfrac{1}{2}\times11\times\dfrac{1}{3}=88\,(\text{cm}^3)$

66 **円錐の体積**　　本冊P.71

1 (1)　$27\pi\text{cm}^3$　(2)　$96\pi\text{cm}^3$

2 (1)　$108\pi\text{cm}^3$　(2)　$320\pi\text{cm}^3$

3 (1)　$18\pi\text{cm}^3$　(2)　$350\pi\text{cm}^3$

解説

(円錐の体積)＝(底面積)×(高さ)×$\dfrac{1}{3}$

2 (1)　$\pi\times6^2\times9\times\dfrac{1}{3}=108\pi\,(\text{cm}^3)$

(2)　$\pi\times8^2\times15\times\dfrac{1}{3}=320\pi\,(\text{cm}^3)$

3 (1)　底面の半径が 3cm，高さ 4cm の円錐と，

　底面の半径が 3cm，高さ 2cm の円錐を合わせた

　立体になるから，

　$\pi\times3^2\times4\times\dfrac{1}{3}+\pi\times3^2\times2\times\dfrac{1}{3}=18\pi\,(\text{cm}^3)$

(2)　底面の半径が 10cm，高さ 12cm の円錐から，

　底面の半径が 5cm，高さ 6cm の円錐を取りの

　ぞいた立体になるから，

　$\pi\times10^2\times12\times\dfrac{1}{3}-\pi\times5^2\times6\times\dfrac{1}{3}=350\pi\,(\text{cm}^3)$

67 球の表面積　本冊P.72

1 (1) $36\pi\mathrm{cm}^2$ (2) $144\pi\mathrm{cm}^2$

(3) $100\pi\mathrm{cm}^2$ (4) $400\pi\mathrm{cm}^2$

2 (1) $48\pi\mathrm{cm}^2$ (2) $243\pi\mathrm{cm}^2$

3 (1) $196\pi\mathrm{cm}^2$ (2) $432\pi\mathrm{cm}^2$

解説

半径 r の球の表面積を S とすると, $S=4\pi r^2$ である。

2 球の表面積の半分と切り口の円の面積の和。

(1) $4\pi\times4^2\times\dfrac{1}{2}+\pi\times4^2=48\pi\,(\mathrm{cm}^2)$

(2) $4\pi\times9^2\times\dfrac{1}{2}+\pi\times9^2=243\pi\,(\mathrm{cm}^2)$

3 (1) 直径 14cm の球になる。半径は 7cm な

ので, 表面積は, $4\pi\times7^2=196\pi\,(\mathrm{cm}^2)$

(2) 半径 12cm の半球になる。表面積は, 球の表

面積の半分と半径 12cm の円の面積の和になる

から, $4\pi\times12^2\times\dfrac{1}{2}+\pi\times12^2=432\pi\,(\mathrm{cm}^2)$

68 球の体積　本冊P.73

1 (1) $36\pi\mathrm{cm}^3$ (2) $288\pi\mathrm{cm}^3$

(3) $4500\pi\mathrm{cm}^3$ (4) $\dfrac{32}{3}\pi\mathrm{cm}^3$

2 (1) $486\pi\mathrm{cm}^3$ (2) $\dfrac{250}{3}\pi\mathrm{cm}^3$

3 $512\pi\mathrm{cm}^3$

解説

半径 r の球の体積を V とすると, $V=\dfrac{4}{3}\pi r^3$ である。

2 (1) $\dfrac{4}{3}\pi\times9^3\times\dfrac{1}{2}=486\pi\,(\mathrm{cm}^3)$

(2) $\dfrac{4}{3}\pi\times5^3\times\dfrac{1}{2}=\dfrac{250}{3}\pi\,(\mathrm{cm}^3)$

3 底面の半径が 8cm, 高さ 8cm の円錐と半径

8cm の半球を合わせた立体になるから,

$\pi\times8^2\times8\times\dfrac{1}{3}+\dfrac{4}{3}\pi\times8^3\times\dfrac{1}{2}=512\pi\,(\mathrm{cm}^3)$

69 度数の分布①　本冊P.74

1 14m

2 (1) 5kg

(2) 45kg以上50kg未満

(3) 40%

3

階級(分)	度数(人)
0以上 5未満	2
5 ～ 10	8
10 ～ 15	10
15 ～ 20	6
20 ～ 25	3
25 ～ 30	1
計	30

解説

1 最大の値が 26m, 最小の値が 12m なので,

範囲は, $26-12=14\,(\mathrm{m})$

2 (3) 45kg未満の人数は, $1+2+9=12\,(人)$

だから, $12\div30\times100=40\,(\%)$

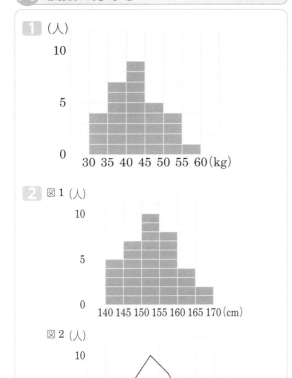

1 (人)

2 図1 (人)

図2 (人)

3 階級…25m以上 30m未満

　　人数…9人

解説 (・ᴥ・)

2 度数折れ線は，両端に度数 0 の階級があるものと考えて結ぶ。

3 30m以上の生徒の人数は，4＋7 ＝ 11（人），25m以上の生徒の人数は，11＋9 ＝ 20（人）なので，記録が高いほうから 15 番目の生徒が入っている階級は，25m以上 30m未満で，人数は 9 人。

1

階級(秒)	度数(人)	相対度数
6.5以上 7.0未満	1	0.04
7.0 ～ 7.5	2	0.08
7.5 ～ 8.0	6	0.24
8.0 ～ 8.5	9	0.36
8.5 ～ 9.0	5	0.20
9.0 ～ 9.5	2	0.08
計	25	1.00

2

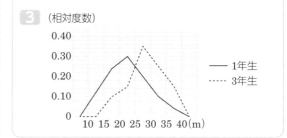

階級(m)	1年生		3年生	
	度数(人)	相対度数	度数(人)	相対度数
10以上15未満	6	0.12	0	0.00
15～20	12	0.24	2	0.10
20～25	15	0.30	3	0.15
25～30	10	0.20	7	0.35
30～35	5	0.10	5	0.25
35～40	2	0.04	3	0.15
計	50	1.00	20	1.00

3 (相対度数)

解説 (・ᴥ・)

1 7.5 秒以上 8.0 秒未満の相対度数は，

6÷25 ＝ 0.24

8.0 秒以上 8.5 秒未満の相対度数は，

9÷25 ＝ 0.36

3 縦軸の 1 目もりの値は，0.02 であることに注意する。

72 データの代表値① 本冊P.77

1 ① 階級値 ② 度数
③ 中央値 ④ 最頻値

2 (1)

階級(分)	階級値(分)	度数(人)	(階級値)×(度数)
0以上30未満	15	2	30
30 〜 60	45	5	225
60 〜 90	75	8	600
90 〜 120	105	9	945
120 〜 150	135	4	540
150 〜 180	165	2	330
計		30	2670

(2) 89分

3 (1) 平均値…5冊
中央値…3冊
最頻値…1冊

(2) 中央値

解説

2 (2) $2670 \div 30 = 89$(分)

3 (2) 極端に冊数が多い生徒(15冊以上読んだ生徒)がいるので，平均値は代表値には適さない。この生徒4人をのぞいた分布を考えると，中央値が代表値に適している。

73 データの代表値② 本冊P.78

1

記録(kg)	度数(人)	累積度数(人)
15以上20未満	2	2
20 〜 25	4	6
25 〜 30	9	15
30 〜 35	7	22
35 〜 40	3	25
計	25	

2

利用者(人)	度数(日)	累積度数(日)	累積相対度数
0以上25未満	3	3	0.06
25〜50	9	12	0.24
50〜75	17	29	0.58
75〜100	13	42	0.84
100〜125	8	50	1.00
計	50		

3 (1) 8人 (2) 90%

解説

1 20kg以上25kg未満の階級の累積度数は，
$2+4 = 6$(人)
30kg以上35kg未満の階級の累積度数は，
$15+7 = 22$(人)

2 25人以上50人未満の階級の累積相対度数は，
$12 \div 50 = 0.24$
50人以上75人未満の階級の累積相対度数は，
$29 \div 50 = 0.58$
75人以上100人未満の階級の累積相対度数は，
$42 \div 50 = 0.84$

3 (1) 得点が35点未満の生徒の人数は，30点以上35点未満の階級の累積度数と同じだから，8人。

(2) 得点が45点未満の生徒の人数は18人だから，
$18 \div 20 \times 100 = 90$(%)

74 ことがらの起こりやすさ 本冊P.79

1 (1) 左から順に，
0.20, 0.18, 0.17, 0.17, 0.16,
0.16, 0.17, 0.17, 0.16, 0.16

(2) 0.16

2 王冠A

3 0.12

解説

1 表より，投げた回数を多くすると，相対度数は0.16に近づく。

2 王冠Aの表が出た相対度数は，
$645 \div 1500 = 0.43$
王冠Bの表が出た相対度数は，
$696 \div 1800 = 0.38\cdots$
よって，表が出やすいのは王冠Aである。

3 $36 \div 300 = 0.12$
このように，あることがらの起こりやすさの程度を表す数を確率という。